NOUVEAU GUIDE

DU

MAGNÉTISEUR

ORNÉ DE 7 VIGNETTES,

PAR A. SÉGOUIN.

PRIX : 75 C.

A PARIS,

CHEZ TOUS LES LIBRAIRES.

L'AUTEUR,

Cabinet de Consultations et d'Expériences magnétiques
et somnambuliques,

57, RUE RICHELIEU, 57.

1854.

Paris. — Imprimerie Moquet, rue de la Harpe, 92.

NOUVEAU GUIDE

DU

MAGNÉTISEUR

OU

LE MAGNÉTISME ENSEIGNÉ

Et mis à la portée de toutes les intelligences;

Par A. SÉGOUIN.

ORNÉ DE 7 VIGNETTES.

PARIS.

CHEZ TOUS LES LIBRAIRES.

L'AUTEUR,

Cabinet de Consultations et d'Expériences magnétiques
et Somnambuliques,

57, RUE RICHELIEU, 57.

1854.

A MES LECTEURS.

La grande question du Magnétisme mise à l'ordre du jour par Mesmer, il y a bientôt un siècle, s'est trouvée rejetée à l'écart plus d'une fois depuis la mort de ce grand homme; ramenée sur le tapis à diverses reprises, elle a toujours été ajournée, par ce que l'opinion publi-

que s'en est peu préoccupée, cette
science n'étant pas connue. Un petit
nombre d'écrivains d'ailleurs avaient
traité cette matière, et dans un genre
si élevé que quelques personnes pri-
vilégiées étaient aptes à les comprendre ; ce n'est que dans ces
dernières années qu'on a enfin sen-
ti la nécessité de la rendre popu-
laire, pour en assurer le succès.
On a publié différents MANUELS qui
ont contribué puissamment à la pro-
pagande du magnétisme dans une
certaine classe de la société ; mais
souvent ou trop chers, ou trop scien-
tifiques, ils n'ont atteint qu'une
partie du but auquel ils aspiraient ;

ils sont demeurés dans les grandes villes, et rarement ils ont pénétré dans les campagnes.

C'est pour remédier à cet inconvénient que, voulant profiter des circonstances actuelles des tables tournantes, qui ont fait entendre le mot de magnétisme à l'habitant de nos provinces les plus reculées, je viens offrir un opuscule écrit en quelques heures, sans prétentions aucunes, dans lequel je me suis efforcé de faire connaître les principales notions de la science que Mesmer nous a enseignée le premier. Mis à la portée de toutes les intelligences, ce livre servira, je l'espère, à propager le magnétisme.

Deux choses étaient nécessaires pour obtenir ce résultat, la *simplicité* de l'ouvrage, et le *bon marché* ; le lecteur jugera si ces deux conditions ont été remplies avec exactitude.

57, RUE RICHELIEU.

28 septembre 1853.

PREMIÈRE SOIRÉE.

Le père Mathurin, ou le professeur de Magnétisme improvisé. — Il raconte comment sa fille a été guérie par une
somnambule. — Il explique l'étymologie du mot *Magnétisme*, et son rapport avec le mot *aimant*. — On ne peut
pas produire d'effets magnétiques sur le premier venu.—
Deux mots sur les Somnambules de Paris en 1849, et annonces curieuses qu'elles inséraient dans les journaux.
Ruses et supercheries employées par quelques unes. —Comment Mathurin s'est converti au Magnétisme. — Madame
Bélisson est une somnambule lucide. — La police elle-même
a reconnu et attesté sa lucidité. — Opinion de Robert-
Houdin sur le Magnétisme.

Lecteurs, mes amis, et vous, lectrices,
mes bien-aimées, depuis le mois de mai
dernier, il n'y a personne, parmi vous, qui
n'ait entendu parler des pérégrinations plus
ou moins lointaines auxquelles se livrent
presque tous les meubles de vos mai-
sons; plus d'une jeune fille dans son vil-

lage, j'en suis sûr, a écouté avec une attention religieuse le récit que lui a fait le voyageur, plus ou moins véridique, qui se vantait d'avoir assisté à des expériences de *tables dansant la polka* ou la *sicilienne*. Combien d'entre elles auraient sacrifié leurs économies d'une année pour se trouver à ce bal d'un genre tout nouveau ! — Mais n'y aurait-il pas moyen d'en organiser un semblable au village ? — Telle est la question que chacune s'est empressée d'adresser à celui qui a réveillé un des sentiments les plus ardents chez la femme : la *curiosité*. Bien souvent la réponse a été affirmative ; des tables ont été apportées, des doigts se sont placés les uns sur les autres, et plus d'une fois la jeune fille, si gaie et si rieuse de sa nature, a consenti à garder le silence, et à rester calme et tranquille pendant trois quarts d'heure, et même plus, dans une position aussi désagréable que fatigante, pour voir la table sauter, danser et valser. Mais, hélas ! combien peu ont vu leurs peines couronnées de succès ? et combien ont fini par se croire dupes de mauvais plaisants, et par faire chorus avec tous ceux qui ne voient dans ces phénomènes que des jongleries qui viennent s'ajouter à toutes celles qu'on s'obstine à vouloir trouver

dans le magnétisme et dans le somnambulisme? Cependant, détrompez-vous, la
chose est réelle, mais sans doute, vos expériences ont été mal faites ; je viens vous
indiquer le moyen de réussir ; vous re-
commencerez et vous arriverez à votre
but, vous irez même au-delà: vous pourrez
faire parler vos guéridons, obtenir d'eux
des révélations importantes ; ils devien-
dront pour vous des oracles que vous
pourrez consulter, et qui vous diront si
celui que vous aimez partage votre flamme.
Vous n'aurez qu'à les interroger sur tout
ce qui vous est arrivé, et vous trouverez
que souvent leurs réponses seront exactes.
Quant à ce qui ne doit s'accomplir que
plus tard, ce sera à vous d'y croire ou de
ne pas y croire, je vous laisse libres.

Mais avant de vous apprendre à faire parler les prophètes que vous avez chez vous,
il faut vous initier d'abord à ces sciences
occultes, à ce magnétisme que vous n'avez
pu connaître, parce qu'on n'a rien écrit
d'élémentaire sur ce sujet ; tous les manuels qui traitent cette matière sont généralement ou trop philosophiques ou trop
chers, et le livre intitulé *les Mystères
de la Magie* ou *les Secrets du Magnétisme
dévoilés*, où vous auriez pu puiser des
connaissances pratiques, est un ouvrage

trop nouveau encore pour que déjà il soit
arrivé jusqu'à vous : je veux remédier
à cet inconvient, et remplir auprès de
vous les fonctions de la nourrice envers
l'enfant auquel elle donne ses soins : ce
n'est qu'en le soutenant qu'elle lui apprend
à marcher, ce n'est que peu à peu qu'il
devient confiant en lui-même, lâche le
bras qui le retient pour y revenir encore
de temps à autre, il est vrai, mais finit par
l'abandonner pour toujours ; de même
nous irons ensemble pas à pas dans la
science nouvelle que je vous apporte, et
puis je vous abandonnerai à vous-même,
lecteur, mon ami, parce que vous serez
capable de marcher seul et sans guide.

Pour le moment, laissez-moi vous con-
duire à Montargis, au n° 12 de la rue des
Groseilles, où se trouvait, le 10 juillet dernier, chez le père Mathurin, une réunion
composée de six personnes : j'étais du
nombre ; ma qualité de magnétiseur était
parfaitement inconnue.

Après le dîner, la conversation tomba
naturellement sur les tables tournantes,
et remonta enfin au magnétisme et à son
origine. De tous ceux qui étaient présents,
quatre niaient qu'il y eût là quelque chose
de réel ; un seul s'était établi le défenseur
de cette science, c'était Mathurin. Pour

moi, je gardai le silence, curieux de voir comment il allait se tirer d'affaire. Je ne crois pouvoir mieux agir qu'en le laissant parler lui-même, puisqu'il nous a fait un véritable cours de magnétisme.

—Eh bien! père Mathurin, dit un vieux notaire qui, après avoir rincé sa tasse à café avec plusieurs petits verres de Cognac, s'était renversé nonchalamment dans son fauteuil, vous croyez donc au magnétisme?

—Sans doute, j'y crois, et pour cause: car, vous le savez, cette petite somnambule de Paris, Julie Belisson, a magnétisé devant moi Caroline, ma fille que voici; elle avait une névralgie, ses jambes étaient paralysées, elle ne pouvait quitter son lit, la pauvre enfant, et les médecins qui, la plupart du temps, ne guérissent que ceux qui se croient malades, n'ayant pu la retirer de cette affreuse position, j'ai fait venir celle qu'on appelle ici la somnambule Julie, vous savez, la fille de Collard.

J'avais confiance en elle, parce qu'elle est de notre pays, et que je la connaissais depuis longtemps. En quelques minutes, elle m'a indiqué ce que je devais faire: cela était bien simple, ce qu'on appelle des *passes*, seulement pendant une demi-heure chaque jour le long des jambes de la malade, sans même la toucher. J'ai essayé ce moyen, quoique j'y eusse peu de confiance. Savez-vous ce qui est arrivé ? Ma fille s'est endormie presqu'immédiatement. J'ai continué, elle s'est mise à me parler, et m'a dit de la réveiller, qu'elle était guérie. Jugez de ma surprise, monsieur Montlaur ; mais tâchez de comprendre quelle fut ma joie quand, tirée de son sommeil, mon enfant se lève, se met à marcher, elle, qui depuis six mois était clouée sur un lit de douleurs. Ah ! c'est pour le coup que j'étais fou, tant j'étais heureux, *je croyais rêver*. Enfin, je me demandais si véritablement je n'avais pas perdu la raison ; mais Caroline me rassurait en me disant que sa guérison était un fait accompli, que mon esprit était sain et que mes yeux ne me trompaient pas. C'était un miracle ! une paralytique à laquelle j'avais rendu l'usage de ses jambes. Son confesseur vit dans cette guérison quelque chose de surnaturel ; il prétendait que c'était par l'entremise du diable qu'elle était rendue à la santé. Il l'avait effrayée, la pauvre fille ; et moi aussi, je le confesse, je ne savais à quoi attribuer un phénomène aussi remarquable, et c'est à partir de ce moment, que, voulant savoir ce qui en était, je me suis mis à étudier le magnétisme ; j'ai acheté tous les ouvrages qui en parlaient, et chaque jour encore, à peine un nouveau livre traitant de cette science est-il édité, que je me hâte d'en faire l'acquisition, témoin celui que vous voyez là, sur ma table, *les Mystères de la Magie*. Il n'y a pas huit jours qu'il est sorti de sous presse, et déjà on le voit chez le père Mathurin.

— Mais alors, interrompit le notaire, puisque vous avez lu tout ce qui parle de magnétisme, nous ne pouvons tomber en meilleures mains, et nous attendons de votre bienveillance de nous expliquer comment il peut se faire, qu'une somnambule sache ce qui arrivera dans dix ans; puis après la théorie, papa Mathurin en arrivera à la pratique : je m'offre comme sujet, je me mets à votre disposition, et si vous m'endormez je croirai alors à tout ce que vous voudrez, même au diable et à l'enfer.

— Vous êtes encore, monsieur Montlaur, comme les autres, vous vous ressemblez tous ; vous abordez tout d'un coup les questions les plus abstraites du magnétisme, et avant d'avoir les notions premières, vous voulez qu'on vous démontre des phénomènes qui exigent des connaissances préalables, mais soyez donc patient, consentez à étudier ou à vous laisser enseigner les préliminaires, le rudiment de la science, et après vous aborderez ses difficultés. N'est-il pas vrai, que quand votre père, d'heureuse mémoire, vous plaça chez un notaire, il vous fallut d'abord copier des *actes*, et en grand nombre avant d'en faire vous-même ?

— Sans doute, et souvent quand arrivait la fin de la journée, j'avais tant copié, que la main me faisait mal, mes doigts étaient comme paralysés. Mais à présent je prends ma revanche ; je n'écris plus que pour signer mon nom, et encore, en vérité, je vous assure, c'est passablement ennuyeux, surtout quand on est, comme cela m'arrive fréquemment, en tête à tête avec un brave ami et une bouteille de vieux Cognac aussi délicieux que le vôtre, papa Mathurin.

— Alors, je comprends, Monsieur Montlaur, ça veut dire qu'il nous faut faire revenir une autre bouteille, car celle-ci est à peu près vide. Eh bien ! très-volontiers, avec plaisir.

— Ensuite, père Mathurin, vous allez faire le pédagogue, et nous donner les premiers principes sur l'art d'endormir les jeunes filles.

— J'y consens, mais je vais vous faire voir que ce que vous considérez comme un simple et pur amusement, est au contraire une chose grave et sérieuse. Cependant, auparavant, il ne faut pas oublier le Cognac, car j'en suis certain, monsieur, vous seriez distrait; et pendant que je vous parlerais de magnétisme, vous songeriez plus d'une fois à l'oubli *du père Mathurin*.

A peine eut-il achevé ces mots qu'il disparut pour revenir presque aussitôt, et quelques minutes après avoir rempli nos verres, il nous demanda si nous consentions tous à ce qu'il nous fît notre éducation magnétique. Nous accueillîmes avec reconnaissance sa proposition, et nous nous disposâmes à l'écouter silencieusement.

— Je vais d'abord, nous dit-il, procéder par ordre. Le mot magnétisme, m'a-t-on dit, vient d'un mot grec qui a tiré son origine d'une ville ancienne appelée *Magnésie*, d'où on obtenait, autrefois, l'aimant, que vous connaissez tous, et qui possède une force attractive qui agit sur le fer à distance, même à travers les corps opaques pour l'attirer à lui. Autrefois, mes amis, dans le temps de la galanterie, nos pères avaient remarqué l'analogie qu'il y avait entre les phénomènes qui se manifestaient dans ce minerai, et ceux qu'on découvrait chez deux cœurs qui s'aimaient; on vit là une attraction à peu près identique. Alors on changea le nom existant de *magnès* en celui *d'aimant*; on supposait, comme vous voyez, de même que chez nous, un sentiment *d'amour* entre deux minéraux. Ah! c'était le bon temps, celui-là! Monsieur Montlaur; le verbe *aimer*, son substantif, son adjectif, etc., étaient plus à l'ordre du jour qu'à l'époque où nous vivons. On ne s'entretenait pas de chemins de fer; on songeait un peu moins à l'argent; mais aussi, quand on se mariait, ce n'était pas une dot que nos pères recherchaient, c'était une femme qui pût les aimer, soigner la maison et s'occuper de ses enfants. C'est alors que le mot *aimant* trouvait une juste application. Aujourd'hui que les temps sont changés! vous ne le rencontrez plus que sur les lèvres de ceux qui s'en servent; rarement il provient du cœur. C'est tellement vrai, ce que je vous dis là, mes amis, que nous faisons le contraire de nos ancêtres: ils avaient changé le nom de *magnès* en celui *d'aimant,* et nous, nous en sommes revenus aux Grecs et aux Romains, qui n'ont jamais su que batailler et faire de la femme leur esclave. Nous avons repris l'ancien nom, nous avons laissé le mot *aimant* pour celui de *magnétisme terrestre,* et nous appelons de même

magnétisme animal l'action que nous exer-
çons sur nos semblables, ou, pour vous
donner une définition plus juste, permettez-
moi, mon cher monsieur, de vous mettre
sous les yeux celle que j'ai trouvée ce matin
dans le livre dont je vous ai déjà parlé, les
Mystères de la Magie.

—Tenez, lisez à la page 10 : «*Le magné
tisme est l'action que la volonté exerce par
l'entremise des organes, à l'aide d'un fluide
impondérable, sur tous les êtres de la nature.* »

Voilà une définition qui me satisfait
pleinement; elle est plus exacte que toutes
celles que j'ai rencontrées jusqu'ici.

— Je vous arrête, interrompit le notaire
en riant aux éclats; quoi! vous prétendez
que vous avez le pouvoir d'endormir les
animaux, de les rendre somnambules, et
de les faire parler; mais alors vous allez
renouveler les miracles de la Bible, et me
forcer de croire au discours prononcé par
l'âne de Balaam. Ce serait trop fort en
vérité.

— Plus encore, je vous promets; oui,
non seulement on peut endormir les animaux mais aussi agir sur les végétaux et les
minéraux. Un peu de patience, et je vous
prouverai tout cela.

Examinons premièrement l'action de

l'homme sur l'homme, et constatons qu'elle est réellement produite par une cause extérieure et non un effet de l'imagination comme on le croit communément.

Je commence par vous dire que le magnétiseur ne produit pas toujours d'effet sensible sur le premier individu qui se présente. Ainsi, Monsieur Montlaur, je réponds déjà à une question que vous faisiez il n'y a qu'un instant quand vous vouliez que je vous endormisse.

— Oui, je comprends parfaitement, en magnétisme comme en bien autre chose, le compère est un meuble qui a sa place marquée dans le cabinet du magnétiseur, et la plupart du temps, ce compère est la somnambule qu'on va consulter à dix et à vingt francs.

— Nullement: nous ne demandons pas de compère. Je ne nie pas pourtant que jamais il ne s'en soit trouvé; je sais que, dans les grandes villes, on en voit fréquemment; moi-même, qui vous parle, il y a de cela déjà quelques années, j'étais à Paris, chez ma sœur. Un beau jour, avant que je fusse converti au magnétisme, lorsque j'étais incrédule comme vous, mon cher notaire, j'avais entendu parler de somnambules, j'en voyais chaque matin d'annoncées dans les journaux, à cinq et à dix francs, qui se prétendaient toutes plus *lucides* les unes que les autres; l'une, s'intitulait *l'Oracle médical*, ou *Somnambule des somnambules, justifiant de dix mille cinq cents guérisons.*

— Sans doute, dit un jeune avocat, M. Dubois, qui lui et sa femme, contrairement à ce que nous voyons tous les jours et à l'opinion reçue, n'avaient pas desserré les dents depuis qu'on s'entretenait de magnétisme, elle faisait comme les médecins dont vous parliez tout à l'heure, Monsieur Mathurin, elle avait guéri ceux qui s'étaient cru malades; en conscience, elle eût dû s'adjoindre un docteur.

— C'est précisément ce qu'elle avait fait, monsieur, car elle avait mis entre parenthèse : *dirigée par un docteur.*

Une autre avait voulu prendre la place des sybilles de l'antiquité, voici son annonce que j'ai conservée comme une pièce curieuse de l'année 1849 : *Sybille moderne; somnambule extra-lucide: Avenir politique et privé, maladies invétérées et incurables, explication des songes, prédictions, prévisions, recherches et renseignements divers.*

Un autre allait plus loin encore, et

mettait : *Médecin somnambule reçu par la Faculté de Paris.*

— Il aurait dû ajouter, dit Monsieur Dubois, que le jour de sa réception, il avait endormi tous les examinateurs, et que dans leur sommeil magnétique, il leur avait fait signer son diplôme en leur imposant fortement sa volonté, car j'ai entendu dire que dans cet état : l'homme perdait son libre arbitre.

— Si tant est qu'il en ait un, dit le notaire.

— Maîs, voisin, est-ce que, par hasard, vous seriez fataliste, et auriez-vous encore ce point de ressemblance avec les Musulmans? Vous le savez, vous partagez déjà quelques unes de leurs manières de voir. Vous comprenez ce que je veux dire!...

— Monsieur Dubois, je crois que, sous ce rapport, nous pourrions nous tendre la main et marcher de compagnie, car si la religion de Mahomet n'avait pas d'autres articles plus difficiles, j'en suis convaincu, vous l'embrasseriez de suite et vous seriez un des plus fervents disciples du prophête.

— Nous nous écartons un peu de la question, reprit Mathurin. Il s'agit de magnétisme, et vous voulez ouvrir une discussion théologique; remettons chaque chose à son temps : aujourd'hui continuons ce que nous avons commencé.

Je vous disais donc que la lecture de toutes ces annonces avait piqué ma curiosité, je désirais savoir quels étaient ces somnambules dont le programme était si pompeux. Je prends une adresse, et me voilà bientôt arrivant à un sixième dans la rue de Seine ; je sonne à une porte, et je vois une femme, jeune encore, mais dont les traits annonçaient une vieillesse prématurée. Je lui demande la somnambule D... C'est ici Monsieur, me répond elle, et tout en parlant elle m'introduit dans un petit cabinet où se trouvait pour tout ammeublement un fauteuil Voltaire et deux chaises en paille. Elle ressort, et revient au bout d'un quart d'heure accompagnée d'un homme de soxante ans environ, qui me parle à peine, fait asseoir cette femme, qui me paraissait être son épouse plus ou moins légitime, lui fait quelques signes devant le visage, puis me dit qu'elle dort, que je puis la consulter, et que je dois me hâter, parce qu'elle ne peut me consacrer qu'un quart d'heure.

Je m'empresse donc d'adresser à la sybille les questions que j'avais préparées; mais malgré toute ma bienveillance, et bien que je fisse mon possible pour l'aider, je ne vis pas le moindre éclair de la lucidité tant vantée sur l'affiche.

Je me retirai alors un peu plus incrédule encore qu'auparavant, et me disant que la République de 1848, qui voulait abolir *l'exploitation de l'homme par l'homme*, aurait bien dû commencer par mettre un frein à cette véritable *exploitation* des somnambules ; dans l'ignorance où j'étais à cet époque, je ne pouvais pas croire qu'il y en eût qui fussent honnêtes et sincères ; je ne voyais plus dans tout cela que du charlatanisme, mon opinion la dessus ne fit que se fortifier, car au moment où je partais, le *Monsieur Magnétiseur*, m'engagea à revenir une seconde fois, me promettant de me donner une autre consultation *gratuite* si je n'étais pas content.

Je le promis tout en prenant intérieurement l'engagement envers moi-même, de ne jamais remettre les pieds chez une sybille. Je m'en allais tranquillement lorsque, en me retournant, je remarquai une jeune personne de 18 à 20 ans, que j'avais vue dans la maison de Madame D... Je n'y fit nulle attention d'abord, mais le lendemain, je la revis dans la loge de mon concierge. Pour le coup, j'eus des soupçons : comment avait-elle pu connaître

mon adresse ? que venait-elle faire ? Ne
servait-elle pas d'espion ? Voilà ce que je
voulus savoir, le soir donc, je m'informai
auprès du concierge du motif de sa visite,
et j'appris qu'elle était venue prendre des
renseignements sur moi. Ma religion fut
alors parfaitement éclairée, et pendant
longtemps je ne pus entendre parler
ni de magnétisme ni de somnanbulisme.
Voilà un exemple de supercherie dans le
somnambulisme, et c'est moi, un de ses
apôtres les plus fervents, qui le porte à
votre connaissance ! ce n'est pas le seul;
il y en a bien d'autres, et il y en aura pendant longtemps encore, tant qu'on ne
prendra pas de mesures rigoureuses,
mais équitables, pour prévenir la jonglerie et garantir les magnétiseurs honnêtes et capables en même temps que les
somnambules qui auront fait preuve de
lucidité réelle ; car il en est qui ont cette
faculté à un degré véritablement supérieur. Ainsi, par exemple, celle dont je
vous ai déjà entretenu, qui a guéri Caroline, ou plutôt qui m'a appris à la guérir,
madame Bélisson qu'on va admirer dans
les séances de la rue Richelieu à Paris,
n'est, certes, pas une de ces somnambules de contrebande qui se cachent dans
l'ombre pour exercer une profession cou-

pable. Plus lucide que celles qui, autrefois, battaient la grosse caisse et embouchaient la trompette pour attirer les niais et en faire leurs dupes, elle évite de se donner comme un oracle infaillible dont on doit croire toutes les paroles. Elle est la première à vous mettre en garde contre elle-même, et c'est au grand jour qu'elle se montre, au milieu d'une assemblée nombreuse, où assistent souvent, m'a-t-on assuré, des savants, des médecins et des prêtres.

Je regrette vivement, mes amis, de ne pas faire un voyage à Paris cette année; car, quoique maintenant je ne doute plus que la lucidité puisse se rencontrer chez certains sujets, j'ai entendu raconter des choses tellement merveilleuses, que je voudrais voir encore ce que j'ai déjà vu.

— Mais vous, Monsieur, me dit-il, puisque vous habitez Paris, sans doute vous aurez entendu parler de ces séances.

Lecteurs, vous comprenez ici quel fut mon embarras de me voir apostrophé de la sorte par le père Mathurin, dont un de mes amis m'avait fait faire la connaissance depuis peu de jours, mais sans lui dire que je m'occupais de magnétisme. Résolu pourtant de garder jusqu'à la fin le plus stricte incognito à ce sujet, je répondis avec un

aplomb dont je me croyais parfaitement incapable.

— Oui, monsieur, quelques fois; mais
je vous attends à Paris, à votre prochain
voyage, pour aller les voir ensemble. En
attendant, n'oubliez pas l'engagement que
vous avez pris de faire notre instruction
magnétique pleine et entière.

Je m'efforcerai, Monsieur, de tenir ma
promesse. Je disais donc qu'il y avait de
véritables clairvoyants, et que Mme Bélisson était de ce nombre. En effet, des ma-
gistrats, des hommes que leur caractère
et leur bonne foi mettent à l'abri de tout
soupçon, l'ont fait venir devant eux, et,
émerveillés des facultés surprenantes qui
se manifestent chez elle pendant son sommeil, ils sont allés jusqu'à déclarer que le
somnambulisme ouvrait un vaste champ
à la science, et que la police devrait le
mettre sous sa sauve-garde

Tenez, mes amis, voilà la copie textuelle
d'un certificat délivré à Mme Bélisson par
le commissaire de police de notre ville,
M. Landrieux. C'est un homme dans lequel vous aurez confiance, celui-là, car
vous le connaissez, il a la réputation de ne
se prononcer qu'après avoir examiné les
choses avec l'attention la plus scrupuleuse.

BUREAU DE POLICE.

Ville de Montargis.

Le *commissaire de police* certifie et atteste, que le sieur Bélisson et sa femme ont donné chez lui deux séances de magnétisme, où se trouvaient réunies plusieurs autorités de cette ville, et notamment M. de Rancé, inspecteur-général de la police, avec son secrétaire, étant de passage, et, qu'après les deux expériences où il s'est mis en rapport avec la somnambule, il a dû cesser d'être incrédule. Les résultats sont si extraordinaires, qu'il serait urgent, dans l'intérêt de la société, que les hommes attachés à la police eussent une somnambule à leur disposition pour découvrir et punir les coupables. Plusieurs des personnes présentes ont été, comme M. l'inspecteur, attérées, et ont reconnu quelque chose de divin dans ces révélations.

En foi de quoi nous lui avons délivré le présent pour lui servir ce que de droit.

Montargis, 23 mai 1852.

LANDRIEUX.

— Pensez-vous, monsieur Montlaur, que

si les magnétiseurs ne pouvaient rien faire
sans compérage, ils oseraient ainsi s'aventu-
rer en présence des agents de police, et jusque devant l'inspecteur général? Assurément il ne s'en trouverait pas un qui con-
sentît à jouer un pareil rôle, puisqu'il serait sûr d'être découvert; car, à Paris, il
y a des gens habiles dans l'art de la presti-
digitation, la double vue, etc., et l'un d'eux,
le roi de tous, le célèbre *Robert Houdin*,
dont la réputation est européenne, parlant
d'un somnambule avec lequel il avait joué
aux cartes, après lui avoir lui-même bandé
les yeux, et donné un jeu qu'il avait ap-
porté, composé de *cartes vierges*, disait
aux personnes qui étaient venues consulter avec lui : « S'il y avait dans le monde
« entier un escamoteur capable d'opérer
« de semblables merveilles, il me confon-
« drait mille fois plus comme escamoteur,
« que l'agent mystérieux qu'on vient de
« me montrer. »
Dans une lettre de M. Robert Houdin,
toujours à propos d'une expérience de
somnambulisme, on remarque le passage
suivant, que je vais vous mettre sous les
yeux, lisez :
« Je suis donc revenu de cette séance
« aussi émerveillé que je puisse l'être, et
« persuadé qu'il était tout-à-fait impossible

« que le hasard ou l'adresse puissent ja-
« mais produire des effets aussi mer-
« veilleux. »

— Vous l'entendez, mes amis, c'est le
grand maître en subtilités qui parle, et
reste frappé d'étonnement devant des
phénomènes repoussés depuis bientôt un
siècle par la science officielle, sous pré-
texte d'escamotage et de jonglerie.

— Eh bien! Monsieur le notaire, Robert Houdin, était un incrédule, et plus
que vous encore, il avait des raisons
pour ne pas croire sans preuves mathématiques; cependant il a fini par se rendre.
Je compte que vous aussi vous en arriverez
là; mais pour ce soir, comme je ne veux
pas abuser de votre attention, mes amis,
et que j'ai encore quelques bouteilles que
je désire que nous vidions ensemble pendant nos entretiens magnétiques, je ferai,
comme on dit vulgairement, durer le plaisir, puisque c'en sera toujours un grand
pour moi de vous réunir ici; nous n'irons
donc pas plus loin aujourd'hui, demain
nous continuerons, si ce soir je ne vous
ai pas trop ennuyé.

— Comment, nous ennuyer! dit madame
Dubois, vraiment, monsieur, pour moi
qui n'avais jamais entendu parler de magnétisme que comme d'une niaiserie, vous

m'avez intéressée au plus haut degré·

— Et moi, dis-je, je vous fais mes sincères compliments, monsieur Mathurin, vous remplissez votre tâche à merveille, et j'ai le plus grand désir de vous voir arriver à la fin de votre enseignement, car au train où vous y allez, vous finirez par nous convaincre tous, que ce que nous avons appris à ne considérer que comme du charlatanisme, est au contraire une chose sérieuse, et qui mérite toute l'attention des savants.

— D'abord, ajouta M. Dubois, Monsieur plaide si bien sa cause, qu'on doit regretter qu'il ne soit pas dans la magistrature.

— A la bonne heure, dit Caroline, qui, tout occupée d'un ouvrage de tapisserie, était restée silencieuse jusqu'ici. Vous avez raison, monsieur Dubois, je le répète chaque jour à mon père, il avait une véritable vocation pour le barreau.

— Moi, reprit le notaire, j'eusse été vivement contrarié de voir le père Mathurin occupé à plaider depuis le matin jusqu'au soir; mais, que deviendrais-je alors, nous ne pourrions plus faire de parties de pêche trois fois par semaine comme cela nous arrive, ni nous réunir pour tuer le temps en discutant sur les affaires du moment, tout en nous rafraîchissant le gosier de temps à autre avec un petit verre; ça chasse la mélancolie, un petit verre, n'est-ce pas, papa Mathurin.

— Il paraît que parfois, le Cognac, principalement, a la propriété de chasser chez vous les idées tristes; aussi, toutes les fois que j'ai le bonheur de vous posséder, je me réjouis de pouvoir contribuer à vous rendre heureux.

Après quelques autres paroles échangées de part et d'autre, chacun prit congé du père Mathurin, en l'assurant que le lendemain soir pas un de nous ne ferait le mauvais écolier, et que nous serions fidèles au rendez-vous.

DEUXIÈME SOIRÉE.

Selon notre promesse, le soir suivant
nous nous trouvions tous réunis chez le
père Mathurin, qui ne tarda pas à reprendre son entretien de la veille au point où
il l'avait laissé.

— Je vous ai expliqué hier, nous dit-il,
ce qu'on entend généralement par ce mot

3

magnétisme. D'après sa définition même, vous comprenez qu'il est aussi ancien que le monde; il est contemporain de la création, et c'est chez Adam et Eve, nos premiers parents, qu'il a dû se manifester tout d'abord.

— Alors, mon vieil ami, dit le notaire, à votre avis, Adam était le magnétiseur et Eve la somnambule. Tous deux, sans doute, ils s'amusaient à faire du magnétisme dans le Paradis terrestre. La chose est plaisante, mais elle ne me paraît guère probable : car, quels eussent été les consultants, puisqu'ils étaient seuls.

—Mon cher monsieur, je vous ai déjà dit que vous ne connaissiez du magnétisme qu'une de ses branches, le *somnambulisme*, et que vous ne tarderiez pas à en avoir une autre idée si vous vouliez me suivre pas à pas.

— Tenez votre parole, soyez patient; quand à votre tour, vous nous ferez votre cours de théologie musulmane, je vous promets d'agir de même, car je m'inscris au nombre de vos disciples.

— Je vous disais donc, mes amis, que notre premier père et notre première mère faisaient du magnétisme même sans le savoir; ils s'aimaient mutuellement, c'était un sentiment que Dieu avait mis dans leur cœur; mais ce sentiment', qui avait le Créateur pour cause première, en avait aussi une secondaire, c'était l'agent magnétique, que nous regardons comme un *fluide subtil*, analogue au calorique, et à l'électricité possédée par tous les êtres vivants en quantité différente, et qui s'échappe de chacun d'eux, le plus souvent à leur insu, pour aller frapper une organisation dans un certain rayon, et faire éprouver à son système nerveux le même ébranlement qu'il produit chez le premier individu. N'avez-vous pas vu, par exemple, arriver fréquemment que, lorsqu'une personne venait à bailler, celles qui l'entouraient l'imitaient sur-le-champ sans pouvoir maîtriser ce besoin qu'elles éprouvaient? N'arrive-t-il pas que quand un homme se met à rire, ceux qui sont avec lui en font autant?

Allons plus loin encore, vivez avec des personnes qui aient un autre accent que le vôtre, des manières auxquelles vous ne soyez pas accoutumé, des tics même, vous ne tarderez pas à les copier, et vous vous entendrez bientôt dire que vous avez dans les gestes beaucoup de monsieur et de madame une telle. Une femme qui ne sera pas une beauté séduisante, que le hasard vous fera rencontrer souvent dans une réunion nombreuse, et à laquelle même vous ne parlerez pas, aura cependant exercé sur vous une puissance occulte qu'elle ignore, qui remplira vos nuits d'insomnies, et vous rendra malheureux pour toujours si vous ne pouvez posséder celle qui a lié votre cœur à elle par une chaîne mille fois plus difficile à rompre que si elle était de fer ou d'airain.

Tous ces phénomènes que nous remarquons se manifestent aussi bien au moral qu'au physique dans l'état ordinaire de la vie. dont ils sont l'appanage occulte : car tous les sentiments et toutes les passions sont soumis à la même loi. Celui qui fréquente un homme sage et vertueux finit par lui ressembler, avec les méchants on devient méchant : « Dis moi qui tu hantes, « et je te dirai qui tu es ». Ce proverbe n'est pas nouveau, parce que la vérité qu'il rappelle est de toutes les époques.

Certaines maladies physiques sont contagieuses, il en est de même de plusieurs épidémies morales, combien de personnes n'ont elles pas de convulsions à la simple vue d'une attaque de nerfs ? Dans quelques couvents n'a-t-on pas observé aussi des affections morales qui se sont communiquées avec facilité ? Les religieuses de Loudun n'ont-elles pas été en proie à une épidémie de ce genre? Les trembleurs des Cévennes, les convulsionnaires de Saint-Médart, les Suédois dominés par l'esprit prophétique, sont autant d'exemples qui viennent à l'appui de ce que j'avance. C'est de cette manière que je comprends qu'Adam et Ève exercèrent l'un sur l'autre une action magnétique, action d'autant plus intense qu'ils étaient purs de corps et d'esprit. La bible nous apprend que leur puissance s'étendait aux animaux les plus féroces, qui courbaient la tête au seul regard de notre premier père. Cette force était un rayon de la puissance divine, elle fut donnée à l'homme quand Dieu, après l'avoir créé, lui dit : « Tu domineras tout animal qui se meut sur la terre. » C'est en vertu de ces paroles qu'il commanda à tous les être de la nature jusqu'au jour où la faute dont il se rendit coupable lui enleva une partie de son pouvoir ; image belle et touchante, mes amis, qui nous apprend que notre force, à nous aussi, n'est que relative, et qu'elle est subordonnée à la régularité de notre vie. Nous pouvons donc dire de suite que la santé du corps et la pureté du cœur sont deux qualités indispensables au magnétiseur. S'il est pervers ou maladif, cette vertu qui était en lui a perdu de son énergie ; elle est viciée, et peut porter le trouble et le dérèglement dans l'organisation la meilleure. Vous voyez-donc que tout le monde n'est pas apte à magnétiser. Je viens de vous en faire connaître le motif ; et parmi ceux qui produisent les effets les plus énergiques vous vous doutez bien que ce ne sont pas les hommes les moins sains ni les moins vertueux ; sous cette dernière dénomination je comprends ceux qui évitent les excès de tout genre ; mais principalement la volupté qui énerve, et les liqueurs qui irritent le système nerveux. Le magnétiseur ne doit faire non plus qu'un usage fort modéré du tabac, l'aspiration des vapeurs nicotianiques fait saliver avec une trop grande abondance, d'où il résulte un épuisement qui, ajouté à la fatigue occasionnée par la magnétisation, ne tarde pas à attaquer le parenchyme pulmonaire, si délicat de sa nature.

—Je vous vois venir, père Mathurin, dit Monsieur Montlaur, c'est pour le notaire ce que vous venez de dire en dernier lieu, car chaque jour vous me reprochez de fumer, d'avoir un penchant trop prononcé pour la plus belle portion du genre humain, et d'être trop facilement accessible au plaisir que me fait éprouver le jus de la vigne, pourtant la chose est bien pardonnable, puisque nous trouvons ce passage dans l'Écriture : *Vinum lœtificat cor meum*, c'est à-dire, le vin est fait pour réjouir le cœur de l'homme. D'après cela, je prévois la conclusion ; sans doute, on va me dire que je suis incapable de magnétiser, parce que d'abord j'accomplis le précepte de l'Evangile, qui dit qu'il faut aimer la femme comme soi-même.

— Vous êtes galant, Monsieur Montlaur, interrompit madame Dubois, mais vous tronquez le texte ; il n'est pas question de la femme, il s'agit du prochain.

—Mon Dieu, madame, si j'ai changé les mots, j'ai parfaitement compris le sens ; car sous le nom de prochain, je pense qu'on n'a pas seulement entendu faire mention de l'homme, mais encore on a voulu vous mettre en première ligne, mesdames, et en cherchant à vous rendre heureuses, je remplis un devoir aussi doux que sacré. Je ne comprends donc pas comment M. Mathurin prétend me dépouiller de la vertu magnétique ; au moins il me laissera peut-être la propriété somnambulique, car je ne dois pas être tellement disgracié de la nature que je ne puisse devenir ni magnétiseur ni somnambule.

— Cependant, à vous parler franche

ment, dit Mathurin, je crains fort qu'il n'en soit ainsi. D'abord, il faut être sérieux pour magnétiser, ce dont je vous crois parfaitement incapable, puisque jusque dans votre sommeil il vous est impossible de ne pas faire le plaisant, tant est grande chez vous l'habitude de ne pas enfanter de mélancolie. On dit même que la nuit vous empêchez vos voisins de dormir; vous riez d'une manière si bruyante que votre malheureux neveu, dont la chambre est contigue à la vôtre, se plaint fortement de vous. Allez donc lui dire, à lui, que le sombulisme n'existe pas, et vous verrez ce qu'il vous répondra? Il me contait, hier, que vous vous étiez levé, il y a huit jours, tout endormi, que vous aviez pris vos bas, que vous regardiez, disiez-vous, comme des boyaux avec lesquels vous vouliez faire des andouilles; puis, après les avoir remplis de divers objets, tels que bonnets de coton, mouchoirs de poche, etc., vous les aviez suspendus au mur, à la tête de votre lit; les regardant ensuite, vous vous mettiez à rire d'une telle force que le pauvre garçon, réveillé tout à coup par le tapage que vous faisiez, accourut, et vous vit dans un accoutrement si comique que lui-même ne put garder son sérieux.

— Vous me dites tous, interrompit le

notaire, que je suis somnambule la nuit, et quand je vous demande à m'endormir, vous me répondez que probablement je ne suis pas dans les conditions voulues, cependant comment expliquez-vous cette contradiction ?

— Rien de plus facile, répondit Mathurin, il y a là deux états différents; chez vous, c'est le somnambulisme naturel qui se manifeste, tandis que lorsque nous magnétisons, le somnambulisme que nous produisons est artificiel; or, rarement celui qui tombe naturellement dans cet état peut être actionné. Son système nerveux n'est pas assez facilement influencé par l'agent qui vient du dehors, la cause du phénomène qui se manifeste gît tout entière dans le fluide développé intérieurement chez l'individu; or, cette action est constante, mais les effets n'ont lieu ordinairement que la nuit, parce qu'alors le corps est en repos. Quand on veut expérimenter sur un tel sujet, évidemment le fluide étranger qui cherche à pénétrer dans une organisation où déjà il y en a un qui se dégage avec abondance, produit une perturbation qui fait naître des accidents nouveaux, absolument les mêmes que quand deux magnétiseurs agissent ensemble sur une seule personne; loin de produire

le somnambulisme, ils n'obtiennent que
des crises nerveuses, des spasmes et des
convulsions.

— Sans doute, *monsieur le Magnétiseur*,
vous voulez m'effrayer, mais je tiendrai bon.
Je suis toujours votre homme, je me mets
à votre disposition ; je vous le répète, je
consens et je désire que vous m'endormiez.

— Demain, mon cher voisin, nous ferons nos expériences, et je vous promets
de commencer par vous. Aujourd'hui, je
tiens encore à vous faire voir que le magnétisme a été connu depuis longtemps et
qu'il y a déjà bien des siècles que les hommes avaient reconnu cette force que la nature avait mise en eux. Les Hébreux, que
nous regardons comme le peuple le plus
ancien, le connaissaient ; en effet, nous
voyons à chaque page de la Bible qu'il
y est question de mages et de devins. Les
morts que l'on évoque, de nos jours,
au moyen de cette science, étaient alors
contraints de reparaître parmi les vivants,
puisque nous voyons la magicienne d'En-
dor faire apparaître l'ombre de Samuel. Les
Egyptiens, les Grecs et les Romains con-
nurent le magnétisme, mais ne le laissè-
rent jamais dépasser les limites du sanc-
tuaire. Les prêtres seuls en étaient dépo-
sitaires, et ils ne voulaient pas le trans-

mettre au vulgaire, parce qu'il leur fournissait des moyens qui leur servaient à le maintenir dans la croyance de leurs dieux. Que de fois ne vit-on pas des malades conduits dans les temples aux pieds des autels d'Esculape et d'Appollon, plongés dans le somnambulisme, découvrir eux-mêmes les remèdes que, dans cet état, ils jugeaient les plus utiles au rétablissement de leur santé, et obtenir de la sorte leur guérison que dans leur ignorance, car au réveil ils avaient perdu le souvenir complet de ce qui s'était passé, ils attribuaient aux dieux. Les prêtres, pour augmenter la piété des fidèles, avaient soin de consigner et de graver sur des tablettes, en lettres d'or, le genre de maladie et la médication employée par *l'ordre de la divinité.*

Environ quatre cents ans avant notre ère, Hippocrate parcourut tous les temples de la Grèce et de l'Asie, recueillit toutes ces inscriptions, les collationna, et vint ainsi, en faisant des remarques sur les maladies qui avaient des rapports entre elles, à former des catégories, des classes pour lesquelles il employa les remèdes qui avaient eu d'heureux effets auparavant. Telle est l'origine de la médecine ; c'est au magnétisme qu'elle doit sa naissance, et vous voyez, cette fille dénaturée veut renier l'auteur de ses jours! Pendant de longs siècles, de concert avec la superstition, elle l'a tenu renfermé dans un oubli si profond, que toutes deux en avaient entièrement perdu le souvenir, lorsqu'à la fin du 18e siècle un homme, un médecin, Mesmer enfin, vint révéler cette science qui, à cause de lui, reçut le nom de Mesmérisme, qu'on lui donne encore quelquefois.

Mesmer n'était pas Français; il naquit, en 1734, à Weiler, petit village près de Mersbourg, en Souabe. Protégé par l'évêque de Constance, dont son père était garde forestier, il fut élevé chez les Jésuites, mais nous manquons de détails sur les premiers temps de son enfance; on sait seulement que, dans un âge encore tendre il témoignait déjà le désir le plus ardent de connaître la source des ruisseaux qu'il remontait jusqu'à ce qu'il l'eût trouvée. Cette tendance faisait pressentir un homme qui plus tard chercherait à remonter à l'origine des choses. Son instruction terminée, il abandonna la carrière ecclésiastique à laquelle on le destinait pour embrasser la médecine, qu'il étudia avec passion. Reçu docteur à Vienne, en 1766, il y exerçait et commença t

à s'acquérir une certaine renommée, lorsque, tout à coup, il fit une découverte qui
devait le rendre immortel. Il venait de re-
trouver une science oubliée et perdue depuis longtemps ; le magnétisme allait être
ressuscité.

A peine eut-il publié les résultats qu'il
avait obtenus, que les corps savants, sou-
levés par les membres influents de la Compagnie de Jésus s'ameutèrent contre lui ;
on traita avec mépris le fruit de ses travaux, on alla jusqu'à le représenter comme
un charlatan, et on fit tant qu'on le mit
mal en cour ; bref, on le perdit dans l'esprit de l'empereur, qui lui fit signifier
de quitter ses états. C'est alors qu'il se
retira auprès de l'électeur de Bavière,
homme d'une intelligence supérieure, et le
seul des princes de l'Allemagne qui eût
compris toute la grandeur de son génie
et l'importance de sa découverte. Sous
la protection de ce prince éclairé, il
aurait pu vivre heureux et tranquille,
en se livrant à l'étude de la science qui
venait de lui être révélée; mais son am-
bition n'eût pas été satisfaite ; il savait
que c'était seulement dans un grand état,
protégé et favorisé par un monarque puis-
sant, que son nom pourrait grandir. A cette
époque, la France était remplie de philo-

sophes et d'encyclopédistes qui lui avaient enseigné à recevoir avec empressement tout ce qui était *idées nouvelles*. Mesmer pensa donc qu'il n'avait rien de mieux à faire que de venir à Paris.

A peine y fut-il arrivé qu'il fit part de sa découverte aux savants , les priant de l'examiner avec attention. Les effets qu'il produisit frappèrent d'abord d'étonnement tous ceux qui en furent témoins ; l'Académie des sciences étudia les nouveaux moyens thérapeutiques qui lui étaient soumis ; mais Mesmer, poussant trop loin le radicalisme de ses principes, et soutenant *qu'on pouvait guérir tous les maux avec un seul remède* , cette prétention exagérée de sa part. lui mit à dos la plus grande partie de ceux auxquels il avait soumis ses propositions : on l'attaqua vigoureusement et de mille manières différentes, on le tourna en risée, on fit contre lui des caricatures, des chansons , etc.; ses ennemis étaient persuadés qu'en jetant le ridicule sur cet homme et sa doctrine, ce serait un moyen infaillible de le perdre. Effectivement, en France, mes amis, quand on est parvenu à nous faire rire, on nous a persuadés. Néanmoins, dans le cas dont il s'agit , on n'atteignit qu'indirectement le but qu'on s'était proposé, car Mesmer aussi savait faire rire.

Doué de qualités éminemment supérieures, d'une gaîté inaltérable, artiste distingué, homme du monde dans toute l'acception du mot, il fut accueilli à bras ouverts dans les salons de Paris; chacun se le disputait, se l'arrachait, c'était à qui le posséderait; pas une soirée importante n'avait lieu sans qu'il ne s'y trouvât; toutes les dames du grand monde voulaient être magnétisées par cet homme, dont le nom était dans toutes les bouches. Il n'y avait pas une femme un peu à la mode qui n'allât chez lui. Cette fureur signalée du beau sexe fut ce qui contribua le plus à sa réputation.

— Pardon, si je vous interromps, père Mathurin, dit M. Montlaur, mais Mesmer, que je ne connaissais guère jusque-là que par une vieille chanson où il est appelé *Roi des Toqués*, devait être évidemment un grand génie, je commence à le croire. Le moyen qu'il prenait pour arriver à ses fins décèle, à mes yeux, une intelligence supérieure; il avait compris que, pour arriver au but qu'on se propose, il faut mettre la femme dans ses intérêts, il l'a fait. Je prévois qu'il a dû réussir, car depuis que j'existe, je n'ai pas encore vu un homme échouer dans une entreprise quand il avait agi de la sorte. Oh! *la femme a des ruses à nulle autre pareilles!*

— C'est heureux pour nous d'avoir cette réputation, répondit madame Dubois : cette idée qu'on a de la femme retient bien des maris dans le devoir....

— Et lui permet à elle, quelquefois, de s'en écarter; n'est-ce pas, papa Mathurin? dit le notaire.

— Moi, mes amis, répondit Mathurin, je pense, et le magnétisme me confirme dans cette conviction, que la nature de la femme est supérieure à la nôtre : elle est généralement meilleure ; et quand elle se gâte, nous devons souvent faire notre *confiteor*, et dire notre *meâ culpâ*.

— Vous avez raison, monsieur, dit madame Dubois ; nous sommes ce que nos maris nous font, et nous nous conformons au principe dont vous nous avez parlé tout à l'heure : « Dis-moi qui tu « hantes, et je te dirai qui tu es. » C'est précisément là du magnétisme.... Mais continuez, monsieur, achevez ce soir, de nous dire ce que devint Mesmer.

— Eh bien! mes amis, son crédit augmenta tellement dans la haute société, qu'il finit par surpasser celui de Voltaire. À la cour même, on prit son parti, et la France fut bientôt divisée en deux camps distincts; les corps savants, tels que la Faculté de Médecine et l'Académie des

Sciences, etc., le déclarèrent en opposition avec ses principes. Les gens du monde, au contraire, s'avouèrent pour lui. Cependant, Mesmer voyant qu'il avait chez nous des ennemis puissants, feignit de vouloir s'en retourner en Allemagne, il annonça cette détermination à tous ses amis. A cette nouvelle, l'aristocratie entière s'émut, les femmes étaient désespérées, inconsolables; cependant elles firent tant, mirent en jeu de si hauts personnages qui durent s'intéresser à lui, que le roi Louis XVI lui offrit trente mille livres de rente pour rester dans son royaume ; il lui donnait, en outre, une propriété magnifique, qui valait au moins huit cent mille francs.

Mesmer refusa tous ces dons, et, quelque temps après, il se retira à Spa, d'où trois ou quatre cents gentilshommes français, qui avaient formé une souscription entre eux pour être initiés à sa doctrine, ne tardèrent pas à le rappeler. La générosité de ses élèves le mit bientôt dans une position à peu près semblable à celle que le roi lui avait offerte, et il put établir dans les principales villes des dispensaires pour le traitement *gratuit* des malades d'après son système. Il avait fondé une société, dite de l'*Harmonie*, qui fonctionnait au gré de ses désirs, et avait des succursales dans un grand nombre de villes importantes. Tout allait pour le mieux, lorsque éclata la révolution de 89 ; ses protecteurs et ses amis furent presque tous obligés de prendre le chemin de l'exil, et ceux qui restèrent n'eurent plus le loisir de s'occuper de mesmérisme (déjà on donnait à cette science le nom de celui qui l'avait découverte). L'hydre révolutionnaire qui engloutissait tant de fortunes, ne laissa pas intacte celle de Mesmer. Presque ruiné, il se réfugia au milieu des montagnes de la Suisse, où, vivant dans la retraite et la solitude, il composa plusieurs ouvrages sur la question du moment, c'est-à-dire la politique. Plus tard, il fit diverses tentatives pour intéresser le Directoire, le Consulat et l'Empire au magnétisme, car il ne voulait plus retourner dans sa patrie qui s'était montrée si ingrate à son égard. Nouveau Colomb, il voulait que ce fût le pays qui l'avait accueilli qui fît le premier pas vers ce monde inconnu qu'il entrevoyait.

« C'est la France, disait-il, qui a été le « berceau du magnétisme ; je veux que les « autres nations lui en soient redevables « comme de la liberté. »

Mais tous ses efforts demeurèrent infructueux ; réduit à l'inaction, il consentit pourtant à revoir son pays natal. La tourmente révolutionnaire l'avait privé de ses amis ; la vieillesse arrivait à grands pas, il l'attendit tranquillement, et lorsqu'il mourut, en 1815, il était oublié, on ne songeait déjà plus à lui. Telle est l'histoire, mes amis, de celui que nous pouvons regarder comme le père du magnétisme. Il a eu le sort de tous les grands hommes : son pays l'a méconnu, et il a été délaissé par ses concitoyens. Ce n'est que depuis quelques années qu'on commence à l'apprécier, et encore la France, qu'il voulait doter de sa découverte, se montre-t-elle injuste à son égard : non seulement elle n'a pas voulu accepter le don qu'il voulait lui faire, mais encore elle en a contesté l'utilité. Plus qu'aucun pays, la France cherche à nier l'efficacité du mesmérisme comme moyen curatif, et cependant déjà les états voisins l'ont admise ou sont en voie de la reconnaître. A côté de nous, de l'autre côté du détroit, les Anglais ont fondé un hospice magnétique, où une grande quantité de malades, que les ressources de l'art ne pouvaient soulager, sont guéris sans médicaments aucuns. Vous devez aller en Angleterre dans quelques jours, m'avez vous dit, monsieur Dubois? eh bien! en passant à Londres, demandez le docteur

Elliotson, et priez-le de vous montrer l'établissement dont je vous parle, et vous serez à même de juger si cette science a rendu et rend chaque jour encore d'importants services à l'humanité.

— Mais, dit M. Montlaur, qui était sans cesse disposé à interrompre, et plus souvent qu'à son tour, savez-vous, mon cher, que si les hôpitaux ressemblaient tous à celui de votre docteur anglais, il y aurait une branche importante du commerce qui souffrirait ? que deviendraient alors les pharmaciens, les droguistes et les médecins de nos campagnes, plus ou moins docteurs, dont le principal revenu consiste dans la vente de leurs onguents.

— C'est précisément, un des principaux obstacles qui s'opposent à la propagation et à l'admission du magnétisme, que l'intérêt pécuniaire, l'argent, ce dieu auquel on sacrifie tout, même la vie de son semblable : c'est une vérité bien peu contestée aujourd'hui, que les médicaments ont tué plus de personnes qu'ils n'en ont sauvés. Sans doute, si on cherchait à appliquer la science que Mesmer nous a révélée, on aurait, à la fin de l'année, une note moins chargée chez le pharmacien ; néanmoins, les marchands de *clystères*, comme les appelle Molière, ne devraient pas tous pour cela fermer boutique, puisqu'il y a des remèdes qui ne peuvent être suppléés par le magnétisme; en effet, il ne faut pas croire qu'il soit une panacée universelle et guérisse toutes les maladies; non, ce serait une erreur, ce n'est guère que dans les affections nerveuses que nous le vantons comme moyen curatif; mais c'est précisément la classe la plus nombreuse de nos maladies, chez la femme principalement. En général, ces sortes d'affections ne présentent pas de caractère grave; cependant ce sont elles qui font appeler le médecin le plus souvent. C'est pour elles qu'on va chez le pharmacien chercher des poudres ou des flacons dont le moindre inconvénient est de ne produire aucun effet. — Hé bien! madame Dubois, croyez-moi, si, au lieu d'envoyer chez votre médecin et chez votre apothicaire quand vos névralgies vous prennent, vous vous faisiez magnétiser par votre mari, vous souffririez moins longtemps, et vous n'auriez pas de note à payer au bout de l'an.

— Je vous promets, dit la femme de l'avocat, de suivre votre conseil, monsieur; la première fois que je serai indisposée, c'est à vous que je m'adresserai; je veux essayer de votre médecine avant de me

3*

prononcer pour ou contre. Cependant, à vous parler franchement ; je vous avoue, que j'y ai peu de confiance, je ressemble sous ce rapport à saint Thomas, je ne crois que quand j'ai vu.

— Que vous êtes heureux ! monsieur Dubois, dit le notaire, d'avoir une femme aussi précieuse ! que je désirerais que la mienne lui ressemblât ; mais il est loin d'en être ainsi. C'est la femme la plus crédule qui soit au monde ; il n'y a absolument que moi qu'elle ne veuille pas croire.

— Ma foi, elle n'a peut-être pas tort, répliqua Mathurin ; tout ce que vous dites n'est pas souvent parole d'évangile, surtout quand il s'agit.....

— Vous aimez toujours la plaisanterie, papa Mathurin ; à la bonne heure. Je craignais que l'étude du magnétisme, à laquelle vous vous livrez avec une si grande assiduité depuis quelque temps, ne finît par vous métamorphoser, et me changeât mon vieil ami, que j'ai toujours regardé comme un bon vivant. Ah ! ce serait pour le coup qu'il ne faudrait plus essayer de me convertir à votre mesmérisme ; je fuirais même comme le choléra tous ceux qui voudraient m'en parler ; mais puisqu'il n'y a rien à redouter de semblable, c'est avec plaisir que je vous écoute.

—Dites que nous écoutons, m'empressai-je d'interrompre, car nous partageons tous votre plaisir, monsieur, et nous regrettons qu'il soit si tard ce soir, car c'est pour nous un véritable bonheur d'entendre un maître aussi habile; mais il ne faut pas abuser, il est temps de nous retirer, si M. Mathurin veut le permettre, et demain nous le prierons encore de continuer ce qu'il a commencé.

Chacun consentit à la proposition que je faisais, et quelques minutes après, nous laissions Mathurin seul avec sa fille.

TROISIÈME SOIRÉE.

Supercherie de certains Magnétiseurs qui endorment avec l'éther ou le chloroforme. —Comment Mesmer découvrit le magnétisme. — En quoi consiste son baquet, et comment il s'en servait. —¡Le marquis de Puységur remplace le baquet par un arbre. — Médecins célèbres partisans du Mesmérisme — L'Academie de Médecine s'est occupée du Magnétisme. — Commission nommée pour l'étudier. — Son rapport et le cas qu'on en a fait. — M. Arago admet le Magnétisme et le Somnambulisme — Personnages importants de notre époque qui s'avouent hautement disciples de Mesmer: Pie IX, Lacordaire, la reine Christine, le duc de Montpensier, etc.

———————

Hier, nous dit Mathurin quand, après un tour de jardin, nous fûmes revenus au salon où avaient eu lieu nos deux conférences précédentes, je vous ai parlé de Mesmer; mais je ne vous l'ai montré que d'un côté, je vous ai entretenu seulement de l'homme; ce soir, je veux vous dire deux mots de sa doctrine, et puis nous allons faire une leçon pratique. Le sujet est tout.trouvé, c'est M. Montlaur ; il s'est offert, m'a porté un défi, ce sera donc par lui que nous essaierons.

— Mais vous promettez, dit le notaire, que vous n'emploierez ni éther, ni chloroforme, ni autre chose de ce genre ; car on m'a dit que plus d'un magnétiseur se servait de ces substances pour agir avec plus d'énergie, et ne pas manquer son effet.

—Avec moi, vous ne devez rien craindre de semblable ; d'ailleurs je ne crois pas qu'il y ait de magnétiseurs assez insensés, de charlatans, car ils ne mériteraient pas d'autres noms, qui osassent se jouer de la sorte de la vie de la personne qui viendrait se confier à eux. Le chloroforme est une arme dangereuse, mes amis ; on ne peut pas jouer avec elle lorsqu'on ne la connaît pas ; nos docteurs même ne l'emploient qu'à leur corps défendant, et malgré toutes leurs précautions, parfois il arrive encore des malheurs entre leurs mains ; mais ils sont garantis : c'est dans toutes les règles qu'ils envoient leurs malades dans l'autre monde : la docte faculté leur a délivré un diplôme, il n'y a rien à dire. Quant à moi, qui n'ai

jamais éu que celui de sous-lieutenant, je
craindrais que les choses ne se passassent
pas de même, si je tuais quelqu'un en
le chloroformisant. La substance sopori-
fique que j'emploirai ne sera donc autre
que celle que chacun de nous porte avec
soi, et qui lui a été octroyée par la nature.

—Cependant, monsieur, peut-être son
influence sur vous ne sera-t-elle pas inférieure à celles des préparations pharmaceutiques, et sans vous mettre dans un état
dangereux, elle pourrait bien vous faire
sentir son influence. D'ailleurs, nous le
verrons bientôt, seulement permettez-moi
auparavant de vous exposer en peu de mots
quelle était la doctrine de Mesmer.

Ce fut en étudiant la nature, en faisant
des recherches dans les ouvrages anciens
des magiciens, des astrologues, des cabalis-
tes, des nécromans, qu'il arriva à recueillir quelques débris du vieil Orient, autrefois possesseur de la science qui nous oc-
cupe. Convaincu que les superstitions po-
pulaires sont toutes alliées à la vérité,
mais à des degrés différents, il les étudia
aussi, et enfin il arriva à un résultat; il
produisit des phénomènes merveilleux
dont on ne se doutait guère; il opéra des
guérisons sans recourir aux moyens que
prescrit la médecine. L'attouchement de

sa main suffisait pour donner naissance
à une contraction des muscles du membre
touché Il faisait plus encore, il produisait
le même effet en se tenant éloigné du malade, et en dirigeant ses doigts vers l'or-
gane souffrant. Malheureusement, Mesmer
ne poursuivit pas cette voie féconde ; il
voulut chercher ailleurs que dans sa propre organisation le moyen de guérir, que
cependant il venait d'entrevoir, et là fut
son tort.

Il construisit donc un appareil assez
compliqué, connu sous le nom de *baquet* :
une cuve en bois remplie d'eau, et contenant du verre pillé, de la limaille de fer, etc.,
en sont les éléments principaux. Des tiges
de fer partant du fond du vase, et courbées
dans leur partie supérieure, qui formait
saillie, servaient à établir la communication
entre l'appareil et les malades qui se ran-
geaient autour du baquet, en appliquant
l'extrémité de chaque tube contre l'épigastre. Lorsque tout était ainsi disposé,
Mesmer plongeait sa canne dans la cuve,
et immédiatement des effets commençaient
à se produire sur chacun des individus,
mais rarement ils étaient les mêmes, ils
variaient dans leurs manifestations comme
dans leur intensité, selon les prédispositions particulières des patients. Tantôt on

voyait naître des attaques de nerfs, des spasmes, des convulsions, etc., et d'autres fois les phénomènes nerveux étaient moins sensibles et se bornaient à des bâillements, des rires et des pandiculations. Pendant toute la durée des crises, qui était d'environ trois quarts d'heure, une musique suave se faisait entendre, et devait, d'après le système de Mesmer, servir à les diriger. Quelquefois les accès se prolongeaient au-delà du temps jugé nécessaire; dans ce cas, on prenait les malades pour les porter dans une pièce garnie de matelas, où on les laissait gesticuler et se débattre pendant des heures entières. Ces scènes se passaient à Paris dans un magnifique appartement de la place Vendôme, et plus tard à l'hôtel Coigny, où les adeptes furent initiés à la science nouvelle.

— Nous espérons, dit le notaire, que vous aussi, vous avez préparé votre baquet. Hier, vous nous avez promis d'expérimenter ce soir, et quant à moi, j'attends avec impatience la fameuse cuve autour de laquelle je prévois que nous nous livrerons à de joyeux ébats.

— Je n'ai pas le moindre baquet, monsieur, répondit Mathurin, mon seul réservoir à moi c'est ma personne, car je dois vous dire, mes amis, qu'il y a longtemps déjà qu'on a délaissé l'appareil mesmérien. C'est M. le marquis de Puységur dont le dévouement à la cause du magnétisme était sans bornes, parce qu'il voyait dedans un moyen de faire le bien, qui, le premier, fit voir qu'un arbre qu'il tenait embrassé pendant quelques minutes produisait exactement les mêmes symptômes nerveux que la cuve de Mesmer, lorsque les malades étaient mis en rapport avec lui au moyen de cordes. Ce fut là un pas immense de fait dans la science qui, à partir de cette époque, ne cessa de progresser. Effectivement, après une suite non interrompue d'expériences qui furent faites dans mille endroits différents, et par des hommes sérieux, on put constater que la force agissante émanait du magnétiseur et non des appareils auxquels on avait recours; on vit que *l'arbre* de Puységur, comme le *baquet* de Mesmer, ne lui servaient que de réservoir, et dès lors on les supprima comme des intermédiaires inutiles.

Vous comprenez sans doute, monsieur Montlaur, pourquoi je n'ai pas préparé de *cuves*; néanmoins j'espère que vous n'y perdrez rien, et avec le simple appareil que m'a donné la nature, j'obtiendrai peut-être des résultats plus surprenants que n'eussent pu en obtenir les célèbres magnétiseurs dont je viens de vous entretenir, avec leurs baquets et leurs chênes.

—Si vous voulez vous mettre à l'œuvre, père Mathurin, je suis prêt; mais je vous préviens que vous ne trouverez pas en moi un instrument docile; vous aurez de la peine à faire de moi un compère, car ce rôle m'a toujours répugné.

—Comme à tous les honnêtes gens, repartit Mathurin, certainement ce n'est pas parmi eux que les charlatans sont habitués à recruter ceux qu'ils emploient.

— Avant de commencer vos expériences, dit à son tour madame Dubois, pourriez-vous nous dire, monsieur, si vraiment Mesmer et Puységur ont eu, comme apôtres de leur doctrine, quelques hommes dont les noms soient connus dans la science, les lettres, les arts, etc., enfin de ces hommes sur l'autorité desquels on puisse s'appuyer pour répondre à vos adversaires qui sont nombreux, et qui, eux, peuvent vous citer tous les académiciens qui sont contre vous.

—Pardon, Madame, c'est une erreur; même au sein des académies, nous avons des savants qui reconnaissent et admettent le magnétisme. Ainsi, par exemple, je pourrais vous citer les docteurs Rostan, Husson, J. Cloquet, Orfila, Chomel, et tant d'autres dont les noms ne sont pas présents à ma mémoire; mais quand même les académiciens seraient contraires à la science nouvelle, il n'en faudrait pas encore conclure qu'elle est fausse; car une fois qu'un savant, ou au moins celui qui passe pour tel, a pu s'étendre à son aise dans un des quarante fauteuils que Richelieu fit faire jadis chez son tapissier, il acquiert le droit de méconnaître tout ce qui est nouveau et n'est pas sanctionné par une longue expérience. Ainsi vous avez entendu parler, mes amis, des *hurrahs* que poussèrent en chœur les académiciens quand il fut question de la découverte de la force motrice de la vapeur; cependant, en dépit d'eux, la vapeur a fait son chemin, et ils sont trop heureux aujourd'hui de l'avoir à leur service pour leur épargner l'ennui des *pataches* et des *bâtiments à voiles* qui ne leur permettaient pas de faire en peu de temps des voyages au-delà des mers, ni bien souvent même de parcourir leur pays, qu'ils ne connaissaient d'ordinaire que par la carte qu'ils avaient l'habitude de consulter de temps à autre.

— A leur place, dit M. Dubois, je

craindrais fort un ressentiment de la part de cette force qu'ils ont méconnue dans le principe; et quant à moi, je l'avoue, j'hésiterais à monter en chemin de fer avec un académicien qui aurait refusé de signer son extrait de naissance, je crois qu'il y aarait danger, et probablement l'accident de la rive gauche, de Paris à Versailles, de même que celui de Fampoux, n'ont eu lieu que parce qu'au nombre des voyageurs se trouvaient quelques-uns des quarante.

— Mais comment se fait-il, interrompit M. Dubois, que la Faculté de médecine n'ait jamais cherché, elle au moins, à s'assurer si, comme on l'affirme, le magnétisme peut guérir et faire naître des phénomènes physiologiques, car il me semble qu'il est difficile qu'un docteur se trompe sur certains effets qui rentrent dans le domaine de la science.

— L'Académie de médecine, répondit Mathurin, s'est déjà occupée de ces questions à plusieurs reprises; ayant entendu parler des fameuses expériences faites à l'Hôtel-Dieu, en 1820 et 1821, par MM. Dupotet et Robouam, sous la direction des docteurs *Bertrand*, *Récamier*, *Husson*, et sous les yeux de trente médecins qui ont signé les procès-verbaux qu'on peut voir

chez M. Dubois, notaire, rue Saint-Marc-
Feydeau, elle voulut savoir ce qui s'était
passé. Sa *curiosité* fut *stimulée* plus encore
quand elle sut les faits qui étaient arrivés
à la Salpétrière, sous les yeux de MM. Londe
et Mitivie, qui les affirmaient, et à celui de
la Charité sous ceux du docteur Fouquier,
l'une des plus grandes lumières de la Faculté de Paris, qui les affirmait également.
Le 24 janvier 1826, elle fit venir devant
elle le docteur Récamier, et l'interpella sur
toutes ces expériences. Bien qu'adversaire
déclaré du magnétisme, M. Récamier se
garda bien de tomber dans un injuste et
périlleux système de négation à tout prix.
Il avoua l'exactitude de tous les termes de
la relation qui avait été faite à l'Académie ;
il convint qu'il avait fait subir l'opération du moxa à un homme magnétisé
par M. Robouam, et que pendant cette
douloureuse opération, le sujet n'avait
pas laissé voir le plus léger signe de douleur.

Une commission venait alors d'être
nommée, l'Académie allait avoir à se prononcer. Pendant plusieurs séances les passions s'enflammèrent et la lutte fut achar-
née, mais le 28 février, une majorité de
35 voix contre 25, entraînée surtout par
l'insistance des docteurs Ytard et Orfila,

tranche la question, et nomme, pour un nouvel examen, une commission composée de onze membres, parmi lesquels se trouvaient MM. Fouquier et Magendie. L'enquête dura cinq ans, et ce ne fut que le 28 juin 1831, que M. Husson, rapporteur, vint lire à l'Académie son rapport, où se trouvaient exposés, avec lumière et clarté, les nombreux faits magnétiques constatés pendant ces cinq années par chacun des onze membres de la commission.

Permettez-moi, mes amis, de vous lire seulement les conclusions les plus importantes de ce rapport ; elles vous feront juger de leur valeur et de celle de l'opposition systématique qui persiste à les nier :

« Les conclusions de ce rapport sont la conséquence des observations dont il se compose.

« Les moyens extérieurs et visibles ne sont pas toujours nécessaires, puisque, dans plusieurs occasions, la volonté, la fixité du regard, ont suffi pour produire des phénomènes magnétiques même à l'insu des magnétisés.

« Le magnétisme a agi sur des personnes de sexe et d'âge différents. Quelques-uns des malades magnétisés n'ont ressenti au-

cun bien, d'autres ont éprouvé un soulage-
ment plus ou moins marqué, savoir : l'un,
la suspension des douleurs habituelles ;
l'autre, le retour des forces ; un troisième,
un retard de plusieurs mois dans l'appari-
tion des accès épileptiques, et un qua-
trième, la guérison complète d'une paralysie grave et ancienne.

« Considéré comme agent de phénomènes physiologiques ou comme moyen
thérapeutique, le magnétisme devrait trouver sa place dans le cadre des connaissances médicales.... L'Académie devrait en-
courager les recherches sur le magnétisme,
comme une branche très-curieuse de psy-
chologie et d'histoire naturelle.

« Lorsqu'on a fait une fois tomber une
personne dans le sommeil magnétique,
on n'a pas toujours besoin de recourir au
contact et aux passes pour la magnétiser
de nouveau. Le regard du magnétiseur,
sa volonté seule, ont sur elle la même influence. On peut, non seulement agir sur
le magnétisé, mais encore le mettre complétement en somnambulisme, et l'en faire
sortir à son insu, hors de sa vue, à une
certaine distance et au travers des portes.

« La plupart des somnambules que nous
avons vus étaient complétement insensi-

bles.... Le phénomène (de la clairvoyance) avait lieu, alors même qu'avec les doigts on fermait exactement l'ouverture des paupières.

« Les prévisions de deux somnambules (relatives à leur santé) se sont réalisées avec une exactitude remarquable, etc. »

Enfin, ces conclusions se terminaient ainsi :

« Nous ne réclamons pas de vous, Messieurs, une croyance aveugle à tout ce que nous vous avons rapporté. Nous concevons qu'une grande partie de ces faits sont si extraordinaires, que vous ne pouvez pas nous l'accorder. Peut-être nous-mêmes oserions-nous vous refuser la nôtre, si, changeant de rôle, vous veniez les annoncer à cette tribune, à nous qui, comme vous aujourd'hui, n'aurions rien vu, rien observé, rien étudié, rien suivi : nous demandons seulement que vous nous jugiez comme nous vous jugerions, c'est-à-dire que vous demeuriez bien persuadés que ni l'amour du merveilleux, ni le désir de la célébrité, ni un intérêt quelconque ne nous ont guidés dans nos travaux. Nous étions animés par des motifs plus élevés, plus dignes de vous, par l'amour de la science, et le besoin de justifier les espérances que vous aviez conçues de notre zèle et de notre dévouement. »

Signé, Bourdois de La Mothe, *Président*, Fouquier, Gueneau de Mussy, Guersant, Itard, Husson, Leroux, Marc, Thillaye.

(Séances des 21 et 28 juin 1831.)

Le rapport était concluant, mes amis, il n'y avait plus qu'à se résigner. Il y eut bien pourtant quelques murmures, quelques révoltes partielles. Le docteur Castel, entre autres, s'écria : « Qu'un tel état de « choses, s'il existait, détruirait la moi- « tié des connaissances physiologiques ». D'autres voulurent recommencer les discussions, mais la majorité s'y opposa, en déclarant que « ce serait attaquer les lu- « mières ou la moralité des commissaires, « et qu'elle ne le souffrirait pas ». Néanmoins, quand on demanda l'impression de ce rapport tant soit peu compromettant, le respect humain s'empara de la docte faculté, et le courage manqua à cette même majorité qui, ne sachant comment se tirer de la situation, crut qu'il n'y avait rien de mieux à faire, que d'ordonner, non pas l'impression, mais l'autographie du rapport qui, depuis ce moment, repose au plus profond de ses cartons.

— Est-il donc encore possible de dire à présent que la science ne reconnaît pas le magnétisme, et qu'elle a prononcé son jugement. Oui, assurément, elle l'a prononcée le 28 juin 1831. Après cinq ans d'examen, l'élite de la science médicale a solennellement prononcé, mais son rapport, surabondemment affirmatif, n'a jamais vu la lumière.

— Au moins, interrompit une seconde fois Mme Dubois, vous avez aujourd'hui un adversaire bien redoutable dans l'Académie, et il l'est d'autant plus, que la science est sa spécialité ; sa vie entière a été consacrée à étudier la nature, son nom est européen, il a même passé les mers ; car en Amérique, où j'étais il y a deux ans, j'ai entendu parler de M. Arago. Hé bien ! ce savant s'est opposé fortement à la doctrine prêchée par Mesmer, et sa manière, dit-on, d'envisager le magnétisme, a un certain poids dans la balance qui sert à peser les idées de notre siècle.

— En conscience, vous ne pouviez mieux tomber, Madame, répondit Mathurin, notre grand astronome, lui aussi, a enfin ouvert les yeux à la lumière magnétique, puisque nous trouvons dans un de ses ouvrages ce passage que je vous demande encore la permission de vous lire :

« Je ne saurais , dit l'illustre secrétaire de l'Académie, approuver le mystère dont s'enveloppent les savants sérieux qui vont assister aujourd'hui à des expériences de somnambulisme. Le *doute* est une preuve de modestie, et il a rarement nui au progrès des sciences. On n'en pourrait pas dire autant de *l'incrédulité*. Celui qui , en dehors des mathématiques pures, prononce le mot impossible , manque de prudence. La réserve est surtout un devoir quand il s'agit de l'organisation animale. »

Et plus loin : « En consignant ici ces ré-» flexions développées, j'ai voulu mon-« trer que le *somnambulisme* ne doit pas « être rejeté à *priori*, surtout pour ceux « qui se sont tenus au courant des derniers « progrès des sciences physiques. »

— Je crois, madame, que nous ne débutons pas mal, comme vous voyez, et que le magnétisme a pour lui des hommes qu'on ne peut accuser de charlatanisme ; je veux encore vous en citer quelques autres qui sont mis au rang de nos célébrités contemporaines : ainsi, par exemple, parmi les chimistes, nous comptons le célèbre

Grégory, d'Edimbourg, qui a publié plusieurs ouvrages sur le mesmérisme; le baron de Reichenbach, qui a écrit sur le même sujet. Parmi les littérateurs, nous voyons en première ligne A. Dumas, Maquet, son collaborateur, Georges Sand, Louis Blanc, Théophile Gauthier, Mme E. de Girardin, Lachambaudie, l'aimable fabuliste, Mme Eugénie Foa, Alphonse Esquiros, et le célèbre vaudevilliste L. de Saint-Georges. Les illustres chirurgiens Trousseau et Lordat, professeurs à la Faculté de médecine de Paris, sont avec nous. Le clergé nous présente, comme disciples de Mesmer, les hommes les plus remarquables qui soient dans son sein; en tête nous pouvons placer son chef, le père de tous les fidèles, le pape Pie IX. Tenez, mes amis, voilà ce qu'il disait, il y a de cela trois ou quatre ans, à un magnétiseur, M. Lafontaine, dans une audience particulière..... — « Hé bien, monsieur Lafontaine, lui dit il, souhaitons et espérons « que, dans peu, le magnétisme sera « universellement adopté pour le bien de « l'humanité. »

Il y a deux ans, sous les voûtes de Notre-Dame, au milieu d'un auditoire nombreux, le plus grand orateur du 19e siècle, le R. P. Lacordaire, faisait entendre ces paroles du haut de la chaire évangélique :

« Je ne me guide jamais d'après la
« science , mais d'après ma conscience; je
« crois donc fortement aux faits magné-
« tiques, je crois que la force magnéti-
« que augmente prodigieusement la force
« de vision de l'homme; je crois que ces
« faits sont constatés par un certain nom-
« bre d'hommes très - sincères et très-
« chrétiens. »

Cette opinion de l'illustre dominicain
est celle de plusieurs évêques aussi recom-
mandables par leur science que par leurs
vertus , tels que Mgr Gousset, archevêque
de Reims et l'archevêque de Dublin.

Nous pouvons encore ranger parmi
les partisans avoués du magnetisme , le
duc de Montpensier, la reine Christine
d'Espagne , le prince de la Moskowa , le
duc de Larochefoucault , lord Dalhousie.
ancien gouverneur - général des Indes ;
E. de Tocqueville , ancien ministre ; le
comte d'Orsay, qui vient de mourir il y a
deux ans; le comte de Lowenhielm, ancien
ambassadeur de Suède ; le vicomte de la
Vallette , Charles de Lesseps , le comte
de Guernon-Ranville , ancien ministre ; le
comte Freschi, Jobard, conservateur du
Musée d'industrie belge ; Duvernoy et

4*

Franck, membres de l'Institut; le marquis Duplanty, docteur-médecin, cet homme aussi savant que modeste, qui n'a pas craint d'accepter la présidence de la société philantropico-magnétique de Paris, quoique n'ignorant pas que sa conduite serait fortement blâmée par un grand nombre de ses collègues. Dès qu'il a vu là un moyen de faire le bien, il n'a plus regardé derrière lui, il n'a fait que suivre l'impulsion de son cœur.

Puisse, mes amis, cette conduite noble et généreuse trouver des imitateurs. Le docteur Louyet, qu'on appelle à juste titre le médecin des pauvres, s'est enrôlé, lui aussi, sous la bannière de Mesmer, qu'il défend vigoureusement dans le *Journal du Magnétisme*, que dirige M. le baron Dupotet.

Que de noms illustres je pourrais encore vous citer, mes amis, tant est longue la liste des savants qui reconnaissent le magnétisme animal et le regardent comme une mine féconde pour l'humanité! Mais je crois que j'ai suffisamment répondu à Mme Dubois, en lui montrant que tous les magnétiseurs n'étaient pas des *père Mathurin*.

— Ma foi, tant pis, répondit M. Dubois, car, au moins, ils seraient tous de braves gens auxquels on pourrait se confier sans crainte, tandis qu'il s'en trouve, m'a-t-on dit, à Paris principalement, une certaine quantité qui prennent le célèbre adage : *Virtus post nummos*, pour règle de leur conduite.

— Ceux-là. Monsieur, ne sont pas de vrais magnétiseurs, et nous les renions comme tels; car le magnétisme est un véritable sacerdoce qui demande, comme apôtres, des hommes aux intentions pures et honnêtes. Je le sais, et malheureusement la chose n'est que trop réelle, il s'est glissé dans nos rangs de faux frères qui prennent ce nom, et ne méritent que celui de *somnambuliseurs,* c'est-à-dire d'ignorants, ce sont eux qui font tort à la science; mais, quoi qu'il en soit, la vérité finira tôt ou tard par sortir triomphante. Il n'y a que l'erreur et le mensonge qui puissent succomber, parce qu'ils n'ont pas la vie en eux. La vérité, au contraire, comme Dieu, dont elle est un des attributs, est immortelle.

Maintenant, mes amis, que je vous ai fait connaître un peu l'origine du magnétisme, et que nous avons vu que c'était une science qui avait pour elle les plus nobles intelligences du 19e siècle, je vais essayer de vous montrer quelques-uns des phénomènes qu'un homme peut produire sur un autre homme à l'aide de l'agent magnétique.

— Monsieur Montlaur, il est entendu ; vous-êtes mon compère.

— J'y consens, mais si vous parvenez à vous emparer de ma volonté, c'est pour le coup que M. Dubois pourra dire que je suis en communication d'idées avec les sectateurs de l'islamisme, car je le déclare, je ne croirai plus au *libre arbitre*.

—Vous auriez tort, Monsieur Montlaur, et plus tard je vous le prouverai; pour le moment, il s'agit de nos expériences.

En achevant ces derniers mots, le père Mathurin s'approcha du notaire, et se disposa à le magnétiser.

TROISIÈME SOIRÉE.

(SUITE)

Instruction pour bien magnétiser. — Diverses sortes de procédés,
— Quelle est la meilleure méthode. — Un incrédule peut-il
magnétiser, ou être magnétisé lui-même. — Effets nerveux
produits sur M. Montlaur. — Attaque de nerfs. — Dans l'acte
de la magnétisation il y a dégagement d'un fluide particulier. — Comment on peut le constater. — Il est différent de
l'électricité. — Moyen de s'en assurer. — Doit-on rejeter le
Magnétisme parce qu'il offre des dangers.

———❦———

Mes amis, dit notre professeur improvisé, qui, déjà se tenait debout en face de
son sujet, dont l'attitude était des plus in-
téressantes, les procédés auxquels doit
recourir le magnétiseur varient continuel-
lement suivant les phénomènes qu'il veut
produire ; quand il désire simplement
plonger une personne dans ce qu'on appelle vulgairement le sommeil, il s'assied
en face d'elle ou reste debout dans la posi
tion où je suis actuellement.

Il faut se recueillir quelques instants,
éloigner de soi toute espèce de distractions,

rendre son âme puissante, par la concentration de ses facultés, en un mot, une *volonté* ferme, inébranlable est nécessaire.

— La foi, interrompit M. Dubois, est de rigueur aussi probablement, n'est-ce pas, monsieur Mathurin?

— La foi, comme on le comprend en général ; non, mes amis, il n'est pas de nécessité absolue, que celui qui magnétise ait une foi vive et ardente ; mais cependant il doit y avoir chez lui une certaine *foi*, et voici comment je l'entends : je suppose, par exemple, pour mieux vous faire comprendre ma pensée, que j'aie la volonté bien arrêtée de porter mon bras droit à ma tête, je ne le puis qu'en tant que j'ai la *foi*, c'est-à-dire l'intime conviction qu'il m'est possible d'exécuter cet acte ; ou bien encore, si ce membre est paralysé et que j'essaie de le lever, ce ne sera que parce que chez moi il y aura *doute*, je voudrai voir si la faculté que j'avais autrefois ne me serait pas rendue, et le *doute* est déjà un commencement de *foi*.

Jamais nous n'aurons la *volonté* d'accomplir un acte que nous savons être *certainement* hors de notre portée ; jamais aucun de nous n'a eu la *volonté* de saisir avec la main la lune ou les étoiles, parce qu'il avait *la foi* de l'impossibilité de cette action.

Les choses se passent exactement de la même manière chez le magnétiseur, s'il *veut* produire des effets, il doit *croire* qu'il a la puissance de les faire naître, ou au moins, il est dans le doute, et n'a qu'un commencement de *foi*, et, conséquemment, une volonté faible, d'où il s'ensuit qu'il ne sera qu'un magnétiseur médiocre, puisque c'est cette faculté qui détermine l'écoulement du fluide magnétique, comme c'est elle aussi, qui fait que je lève ou que je baisse les bras.

— Chez le sujet, dit à son tour M. Montlaur, j'espère que ni la croyance à votre fluide, ni la volonté de se laisser endormir, ne sont d'obligation, autrement, je me retire, car je suis devenu depuis longtemps déjà, terriblement sceptique; j'en suis arrivé à ne plus croire qu'à deux choses, à l'amabilité des femmes, et à .....

—Et à l'inconstance des hommes; n'est-ce pas, Monsieur? interrompit vivement madame Dubois.

— Comment voulez-vous, Madame, dit Mathurin, qu'il réponde, ce bon M. Montlaur, puis qu'il doute de lui-même. Allons quoi qu'il en soit, rasurez-vous, mon cher notaire; je ne vous demande ni croyance, ni désir de dormir, j'agirai sur vous en dehors de votre vouloir, car si, dans certains cas l'action est plus prompte sur celui qui croit, dans d'autres, elle est plus intense chez l'incrédule, qui lutte et cherche à se soustraire à une force qu'il voudrait méconnaître, et qui, malgré ses efforts, l'envahit et le maîtrise; il peut même advenir que le choc soit si violent qu'il en résulte une congestion cérébrale; voilà pourquoi encore il est bon de mettre des bornes à la résistance morale opposée.

Une fois donc que l'opérateur se trouve dans la condition que je viens de vous indiquer, il doit se mettre en rapport avec son sujet, ce qui peut avoir lieu de différentes manières, soit en lui prenant les mains, soit en appliquant les siennes sur ses épaules, ou en lui touchant le front. Pour moi, je préfère appliquer mes pouces contre ceux de M. Montlaur, en même temps je le regarderai fixement, bien que ce ne soit pas indispensable; mais j'exercerai, en agissant ainsi, une sorte de fascination qui contribuera à la réussite de l'opération.

Les yeux sont une des parties du corps par lesquels le fluide magnétique s'échappe en abondance; et, sans vous en rendre compte, mes amis, souvent vous aurez vu ou entendu parler de l'action exercée par certains êtres, le chien qui, par exemple, parvient à tenir *en arrêt*, dans un état d'immobilité, les perdreaux ou les lièvres sur lesquels il a jeté son regard. Il suffit au serpent, qui rampe au pied d'un arbre, d'élever ses yeux et de fixer l'oiseau posé sur une branche pour le *magnétiser* et l'obliger de venir se précipiter de lui-même dans la gueule de son propre ennemi ; telle est l'histoire des syrènes dont nous parle l'antiquité, qui, par leurs chants harmonieux, attiraient le voyageur imprudent pour le dévorer.

L'influence du regard est incontestable, et je suis loin de partager l'opinion de ceux qui la nient.

Il y a des magnétiseurs qui, sans toucher aucunement leur sujet, étendent vers sa tête le bras avec les doigts un peu écartés et demie fléchis, puis le descendent lentement jusqu'à la naissance du cou, le reportent de même au point de départ, c'est-à-dire au front, en suivant la ligne médiane pour le descendre de nouveau et le remonter pendant un quart d'heure environ. Quand un bras est fatigué, on peut le remplacer par l'autre, ou bien on se sert des deux en même temps. Pendant qu'avec la main droite on fait des *passes*, comme nous venons de le voir, on en fait d'autres avec la main gauche à partir du sommet de la poitrine jusqu'à la région ombilicale ; les principaux points sur lesquels il faut surtout concentrer l'action, sont les yeux et l'épigastre. Au bout de cinq à six minutes le magnétiseur éprouve une sorte de picotement à l'extrémité des doigts, ce qui est un indice certain que des effets ne tarderont pas à se manifester.

Afin de me rendre plus intelligible je me mets à l'œuvre, mes amis ; je vais opérer devant vous, car il n'y a rien de tel que la pratique ; elle devrait constamment précéder la théorie.

— Vous avez raison, dit M. Dubois ; malheureusement, il est loin d'en être ainsi. Témoins, toutes les révolutions que nous avons eues, et qui ne sont peut-être pas encore terminées parce que des *rêves creux, des cerveaux fêlés*, ont enfanté des théories qui ont bouleversé les esprits. Si avant d'ouvrir des discussions sans fin on eût cherché à étudier, par la pratique, ce qui pouvait offrir des avantages réels, nous n'aurions pas aujourd'hui tant de désastres à déplorer.

Lecteur, vous serez sans doute étonné d'entendre un avocat tenir un langage si peu en harmonie avec sa profession ; mais vous avez dû le remarquer dans les entretiens précédents, M. Dubois, quoi-

que maniant facilement la parole, parlait
peu, et n'avait nullement l'esprit du *métier*.
Avocat distingué, il ne plaidait que rarement. Il n'avait jamais pu comprendre que,
pour quelques pièces d'or, un honnête
homme se chargeât de faire passer pour
innocent celui qu'il savait être un criminel,
un voleur et souvent un assassin. M. Dubois était un partisan sincère de la vérité,
il la recherchait partout où il avait l'espoir
de la trouver ; voilà pourquoi il écoutait
Mathurin avec attention, et désirait surtout qu'il appliquât la science qu'il nous en-
seignait.

Au milieu du plus profond silence, qui
nous avait été recommandé, comme étant
une des conditions *sine qua non*, le père
Mathurin se recueillit ; pendant trois minutes environ, il parut comme absorbé
dans une méditation profonde, puis,
tout-à-coup, il saisit les mains du notaire
qui pousse un éclat de rire que, malgré
tous nos efforts, nous ne pûmes nous
empêcher d'imiter. Le magnétiseur reste
impassible, et redouble d'efforts ; on pouvait juger à l'inspection de ses traits
qu'une volonté ferme était mise en jeu,
et que si l'action magnétique était en rapport avec cette faculté de l'âme, elle allait
donner naissance à des effets énergiques.

Effectivement, c'est ce qui ne tarda pas à arriver : aux ris, succédèrent bientôt les pleurs ; des larmes abondantes s'écoulent des yeux du notaire ; dès que Mathurin dirige la main vers son front, une agitation nerveuse s'empare de tous ses membres ; déjà une force terrible le domine, il ne peut plus la maîtriser, elle a envahi ses jambes qui sont prises d'un tremblement qui l'effraie.

— Assez, assez! monsieur Mathurin, je suffoque. Ah! de grâce, délivrez-moi.

— Ayez un peu de patience, mon cher voisin ; l'agent magnétique commence à produire son effet, et vous savez que je tiens à votre conversion.

—Ah! je crois, je crois.... Mais vous voulez-donc ma mort?...

En achevant ces mots, le notaire cherche à se soustraire à l'influence du père Mathurin ; il veut se lever, mais il lui est impossible de remuer; il semble cloué sur son siége.

—A présent, dit Mathurin, vous ne pouvez nier qu'une force soumise à ma *volonté* s'est emparée de vous malgré votre résistance. Que pensez-vous maintenant du *libre arbitre?*

— Assez, assez! père Mathurin ; je ne crois plus à rien, ou plutôt j'admets tout.

Mais remettez-moi dans mon état normal.

— Pas encore. Auparavant, il faut vous montrer que si je ne produis pas chez vous le sommeil, je puis aller plus loin, cependant.

— Tenez, mes amis, nous dit-il, je ne veux pas faire payer trop cher à notre bon notaire sa vieille incrédulité; je me contenterai de lui donner une faible attaque de nerfs.

— Par tous les diables, ce ne sera pas, s'écrie-t-il; et il cherche à se dégager; mais vains efforts, il sent qu'il ne peut rien. Je voudrais vouloir et je ne puis plus; mais où donc est mon courage et ma force? où est ma liberté? Comment, moi, je suis devenu la proie d'une volonté étrangère... Oh! est-il possible de nier cette puissance infernale que possède Mathurin?...

Et le pauvre notaire se tordait avec désolation.

L'opérateur, de son côté, continuant d'agir, bientôt M. Montlaur perdit connaissance, et fut pris de convulsions qui effrayèrent Mme Dubois et Caroline. Ces dames demandèrent grâce pour lui, et nous aussi. Convaincus de la réalité des phénomènes dont nous étions témoins, nous nous joignîmes à elles pour prier le magnétiseur de calmer son patient, et de lui rendre la liberté qu'il lui avait enlevée.

Mathurin acquiesce à nos désirs, fait quelques passes sur la région du cœur qu'il cherche à dégager, en fait d'autres transversales devant le visage, souffle sur le front, et commande à son sujet de reprendre l'usage de ses sens ; et, comme par enchantement, le notaire revient à lui ; mais il est visiblement effrayé, ses yeux hagards se portent alternativement sur chacun de nous ; il semble ne plus savoir où il est, et quand Mathurin lui tend la main, en lui demandant ce qu'il pense du magnétisme, il retire violemment la sienne; puis comme un homme qui ne sait plus où il en est, il se lève, cherche à s'assurer s'il est redevenu son maître et si ses jambes sont prêtes à lui obéir ; après qu'il a reconnu qu'il n'est plus au pouvoir du magnétiseur, se tournant vers moi, il me dit :

Soyez assez bon, Monsieur, pour me raconter ce qui vient de se passer, car mes idées sont confuses, et je ne me rappelle que peu de choses. Je sais, pourtant que j'étais dominé par une force qui contraignait même ma volonté d'agir, quoiqu'elle eût voulu résister.

De grâce, dites-moi, je vous prie, si Monsieur n'a employé aucunes drogues pharmaceutiques ; car, s'il n'en a pas eu, moi, qui n'ai jamais voulu croire au diable, je vais finir par devenir crédule comme un enfant ou une vieille femme, et rien ne m'ôtera de la tête qu'il n'ait à son service une puissance infernale.

— Veuillez vous rassurer, monsieur, lui dis-je ; le diable n'entre pour rien dans tout ce qui vient de se passer ; M. Mathurin n'est ni sorcier ni magicien, seulement il connaît un peu mieux la nature que nous ; il l'a étudiée, elle lui donne la connaissance des forces vives qu'elle a mises dans l'homme. Il cherche à les mettre en action, il y réussit, voilà le secret de sa science, n'est-ce pas, monsieur Mathurin?

— Oui, mes amis, il n'y en a pas d'autres ; et, comme je vous l'ai déjà dit, c'est un fluide subtil, impondérable, qui, pénétrant dans un corps étranger, donne lieu à tous les phénomènes nerveux semblables à ceux dont vous avez été témoins.

— Comment, interrompit M. Dubois, peut-on reconnaître qu'il y a véritablement un fluide, cela me paraît être une simple hypothèse qu'on peut, à son choix, admettre ou révoquer en doute.

— Rien de plus facile que de vous répondre, dit notre professeur, mais je préfère vous lire, à ce sujet, un passage que nous trouvons à la page 11 des *Mystères de la Magie;* il vous apprendra mieux que je ne pourrais le faire, comment on peut constater qu'il y a dans l'acte de la magnétisation émission d'un fluide particulier.

Le père Mathurin prend son livre et lit :

« L'existence de ce fluide, tant combattue jusqu'ici, est attestée par les somnambules parvenus à l'état lucide; ils affirment qu'ils voient sortir de nos mains, et souvent de tout notre corps, des jets de lumière qui les pénètrent et déterminent en eux des modifications qui varient suivant les procédés employés.

« Pour s'assurer de la valeur que mérite une assertion semblable, on prend quatre fioles de verre blanc, dont l'une a été magnétisée à l'insu du somnambule. La magnétisation de cette bouteille s'opère en la tenant dans une main pendant qu'on rassemble en pointe les doigts de l'autre sur son ouverture durant quelques minutes pour charger son intérieur de fluide vital, puis on bouche la fiole et on la mêle ensuite aux autres ; quand ces quatre fioles sont présentées au somnambule, il reconnaît de suite celle qui a été magnétisée, et ce qui la lui fait distinguer, c'est, dit-il, une espèce de vapeur lumineuse dont elle est remplie.

5 *

«Cette expérience, que nous avons faite souvent dans nos séances publiques, a toujours réussi. Afin de mieux encore nous assurer de la vérité, et pour éviter une transmission de pensée, nous avons coutume de faire magnétiser la bouteille hors de notre présence, afin que lorsqu'elle est réunie aux autres, il nous soit impossible de la reconnaître, et que, de cette façon, le sujet ne puisse s'aider de la pensée de son magnétiseur.

« Pour obtenir un succès complet, on doit donner au somnambule la bouteille aussitôt que l'opération est terminée, car le fluide s'évapore promptement, même à travers le verre, il le verra plus ou moins lumineux, selon l'âge, la santé et le sexe des expérimentateurs. »

— Vous l'entendez, mes amis, dit Mathurin, nous sommes contraints de nous rendre et de proclamer l'existence du fluide magnétique.

—Pas précisément, répondit M. Dubois; à mon avis, il me semble que ce fluide n'est que de l'électricité qui se dégage dans cette circonstance.

— Eh bien, continue Mathurin, en reprenant son livre qu'il venait de déposer sur la table, écoutez encore ce qui suit :

« D'après cette expérience, on se croira

peut-être en droit de conclure que ce que nous appelons fluide animal, fluide nerveux, n'est autre chose que le fluide électrique ; pourtant il n'est pas permis de les confondre. En effet, si nous prenons une bouteille de Leyde chargée d'électricité, et que nous la présentions avec une autre parfaitement identique, mais non chargée, qui seulement ait été magnétisée, le somnambule saura faire la distinction des deux fluides. »

— Je confesse, dit l'avocat, que cette expérience est concluante et qu'elle triomphe de toutes les objections.

— Pour moi, ajouta le notaire, qui enfin avait fini par se remettre de sa frayeur, je déclare que le magnétisme, avec ou sans fluide, est une arme dangereuse, et qu'il vaut mieux avoir les magnétiseurs pour amis que pour ennemis ; allons, père Mathurin, je vous pardonne, mais à la condition que vous ne tenterez plus d'expérience sur moi ; je crois, je suis persuadé maintenant, cela me suffit.

— Non, monsieur, cela n'est pas encore suffisant, votre croyance est loin d'être ce qu'il faut qu'elle soit ; jusque-là vous ne voyez dans le magnétisme qu'un moyen de produire des phénomènes nuisibles et nullement profitables à la santé du magnétisé ; il me reste donc à vous démontrer

que si, dans certains cas, l'homme pervers
et méchant peut abuser de cette science,
il en est d'autres dans lesquels l'homme
honnête et vertueux peut s'en servir pour
faire le bien.

— Comment, vous aussi, dit le notaire, vous convenez qu'on peut faire le
mal avec le magnétisme, et vous voulez
qu'on répande cette science diabolique et
qu'on la fasse connaître, non-seulement
à l'habitant des villes, mais encore à celui
des campagnes! Mais c'est horrible! On
devrait faire une Saint-Barthélemy de tous
les magnétiseurs!

— Puisque vous nous parlez de la Saint-
Barthélemy, répartit Mathurin, voulez-
vous nous dire si c'est là une des plus
belles pages de l'histoire de notre pays? Et
à qui pensez-vous qu'on doive attribuer
les massacres horribles qui furent commis
à cette époque?

— Parbleu! la réponse est facile; aux
catholiques et à leur religion, qui ordonnait de mettre à mort quiconque n'était
pas dans le giron de l'Eglise.

— C'est une erreur; la religion n'a jamais
commandé le crime; essentiellement bonne
de sa nature, elle ne peut ordonner que le
bien; elle est d'institution divine, et comme
Dieu, dont elle émane, elle défend de nuire

à son semblable : *Aimez-vous les uns les autres*, nous dit-elle; et non pas : *Egorgez-vous les uns les autres*. Cependant, comme l'homme est souvent disposé à abuser de ce qu'il y a sur la terre de plus saint et de plus sacré, c'est au nom de la religion, au nom de Dieu, qu'il a commis l'assassinat sur une grande échelle! c'est au nom d'un Dieu d'amour que des prêtres criminels, reniant la noble mission dont ils étaient investis, ont inventé l'*inquisition*, dressé des bûchers pour y faire monter ceux qui contrariaient leurs projets ambitieux, et tous ces meurtres, mes amis, se sont faits au nom de la religion catholique! Devons-nous, pour cela, méconnaltre l'auteur de l'univers et mépriser son culte? Non, assurément; s'il en était ainsi, il ne faudrait plus rien admettre, nous devrions détruire les chemins de fer, parce qu'ils présentent des dangers; renoncer à monter à cheval, parce qu'on peut tomber et se tuer; le plomb et la poudre devraient être mis à l'écart, parce que, de temps à autre, l'homme s'en sert contre ses frères. Nous abusons des meilleures choses, mais nous ne devons pas en tirer cette conclusion, qui serait aussi fausse que funeste, qu'il faut les rejeter, car alors la vie ne serait plus possible.

— Cependant, dit Mme Dubois, si le mal produit par une science l'emportait sur le bien et l'utilité qu'on peut en retirer, je suis d'avis qu'on devrait la faire rentrer dans l'oubli dont elle n'aurait jamais dû sortir.

— Sans doute, répondit Mathurin, si le magnétisme devait être plus nuisible qu'utile, je serais le premier à demander sa proscription; mais je pourrai vous montrer demain quelques-uns de ses avantages. Je ferai de nouvelles expériences, et si M. Montlaur veut le permettre...

— Je vous refuse positivement, père Mathurin. J'ai payé mon *écot;* chacun son tour.

Le magnétiseur rassura le bon notaire en lui promettant qu'il prendrait une autre personne pour sujet de ses expériences; il nous promit d'endormir sa fille qu'il magnétisait déjà depuis longtemps, et dont la sensibilité était remarquable.

Sur l'assurance qu'il venait de recevoir, qu'on le laisserait simple spectateur, M. Montlaur nous assura qu'il reviendrait le jour suivant,

Quelques instants après nous étions en chemin, l'avocat et sa femme pour retourner chez eux, et moi pour regagner mon hôtel.

QUATRIÈME SOIRÉE.

Peut-on magnétiser le premier venu ? — Réussit-on à endormir un sujet dès la première séance ? — Quels sont les signes précurseurs du somnambulisme. — Ce qu'on entend
par un sujet isolé. — Le somnambule peut-il voir la maladie et indiquer des remèdes ? — Pourquoi deux sujets dans
le sommeil magnétique sont antipathiques l'un à l'autre. —
La vie du magnétiseur et celle du magnétisé sont en équilibre parfait. — Catalepsie magnétique. — Moyen de la
faire naître. — Comment on la distingue de la paralysie
et de la léthargie. — Comment on peut la détruire. — Action de l'or sur le cataleptique.

— Aujourd'hui, mes amis, je vais vous
faire voir l'état somnambulique et en quoi
il consiste.

Depuis sa maladie , j'ai continué de
magnétiser Caroline de temps à autre ;
elle est devenue d'une grande sensibilité ,
néanmoins elle n'a que de faibles éclairs de

lucidité, et je ne pense pas jamais obtenir
d'elle une clairvoyance complète. Il y a
des natures toutes spéciales, qui ont des
prédispositions particulières pour arriver à
cet état, tandis qu'il en est d'autres qui ne
pourront pas y atteindre, malgré tous les
efforts d'un magnétiseur habile. Chacun
de nous a une organisation qui lui est
propre ; c'est donc une erreur de croire
que si le magnétisme n'agit pas sur une
personne, une autre sera de même insensible à son action.

Nous pouvons dire, qu'en général, sur
cinquante personnes, hommes et femmes,
il s'en trouvera dix qui ne ressentiront aucun effet appréciable, trente autres présenteront des phénomènes que le médecin
et le physiologiste pourront facilement
reconnaître, et sur les dix dernieres l'influence magnétique se fera ressentir d'une
manière telle que celui qui n'aura aucune
notion de médecine sera apte à constater le
changement survenu dans l'organisation
soumise à l'expérience.

Souvent il advient qu'à la première
magnétisation on n'éprouve que des effets
légers, par exemple, un accroissement de
chaleur à la tête, des picotements dans les
bras et une augmentation de pulsations ;
mais si on continue de se faire actionner,

chaque jour à la même heure, on ne tar-
dera pas, au moins c'est assez l'ordinaire, à
ressentir des effets qui acquerront de jour
en jour une intensité plus grande, et se
termineront peut-être par l'état somnambulique, car le système nerveux s'habi-
tuant insensiblement à recevoir l'action
du fluide du magnétiseur, finira par le conserver. Cependant il y a des natures re-
belles sur lesquelles on ne parviendra
pas à produire le sommeil magnétique ;
tel est M. Montlaur, par exemple, auquel
on donnera à volonté des attaques de
nerfs, des spasmes, des convulsions, et
rien de plus.

Chez les personnes sensibles, on observe
le plus communément d'abord, de légers
picotements, des clignotements des paupières pendant qu'on tient les pouces et
avant qu'aucun mouvement extérieur de
la main n'ait pu venir fatiguer la vue ; les
battements du cœur augmentent ou se ra-
lentissent, des bâillements ont lieu, et on
entend parfois des borborygmes dans les
intestins. Il semble au magnétisé que son
sang circule avec plus de facilité, que sa
vie est plus active, plus abondante et plus
facile ; il se trouve dans un état accom-
pagné d'un bien-être indéfinissable, qui lui
fait désirer d'y rester longtemps. Les pau-

pières à demi fermées, sont quelquefois
agitées d'un mouvement spasmodique,
laissant entrevoir le globe de l'œil qui se
meut lentement dans son orbite, puis devient immobile et convulsé; le patient dort
alors, mais le plus souvent d'un sommeil
léger, qui n'est encore que le commencement du sommeil magnétique, c'est-à-dire
le *coma*. Si vous lui parlez, il cherche
à vous répondre, mais il ne peut y par-
venir sans votre volonté, et fréquemment, à la première parole qu'il entend, il
se réveille, se frotte les yeux en vous regardant avec étonnement. Tout ce qui a
été fait et dit devant lui, il se le rappelle
d'une manière confuse, comme on se sou-
vient d'un rêve.

Tels sont, mes amis, les signes précurseurs du somnambulisme, qui rarement
se déclare chez une personne dès la première séance. Cet état habituellement ne
survient qu'après de nombreuses magné-
tisations.

Pour l'obtenir, on charge de préférence
la masse cérébrale, en dirigeant toute l'action sur le cerveau; les paupières se ferment ou restent même parfois ouvertes,
mais elles sont toujours considérablement
dilatées, et l'œil ne peut plus exercer ses
fonctions habituelles; le corps reste im-

mobile, quelques mouvements nerveux seuls se font remarquer dans les bras et dans les mains, puis survient un petit soupir ou plutôt une inspiration plus profonde, qui annonce que le magnétisé est passé au somnambulisme. Les muscles de la face reprennent leur vivacité première; les mouvements s'exécutent avec la même facilité que dans l'état de veille, le sujet peut entendre son magnétiseur et répondre à ses questions.

Quelquefois, pourtant, il ne parle pas; ses machoires sont fortement serrées l'une contre l'autre; malgré tous ses efforts, il éprouve la plus grande difficulté à les ouvrir. C'est donc sur leurs muscles qu'on doit diriger l'action magnétique, pour détruire ce commencement de paralysie qui s'en empare. Pour réussir, on fait des frictions transversales sur la partie inférieure de la face et sur la gorge, car souvent le larynx est paralysé.

Une question, mes amis, qui embarrasse bien des magnétiseurs novices, est celle-ci : comment peut-on s'assurer que le sujet dort réellement, et qu'il ne joue pas la comédie ? A cela, je réponds, que lorsqu'on a constaté tous les symptômes dont je viens de vous parler, il est impossible qu'il y ait fraude; néanmoins nous avons d'au-

tres moyens de constater le sommeil,
comme je vais vous le faire remarquer
dans un instant avec Caroline. Chez un
bon nombre de sujets, on remarque l'insensibilité de la peau, une certaine rai-
deur des muscles, et les yeux assez généralement sont convulsés.

— Ce sont là des indices qui peuvent
servir à l'homme instruit, dit M. Dubois :
mais, comme la plupart du temps les magnétiseurs ont plus de crédulité et d'enthousiasme que de science, je crois que
souvent ils sont dupes de leurs sujets.

— C''est effectivement, répondit Mathurin, ce qui arrive, m'a-t-on assuré, dans
plusieurs réunions nombreuses, où on ex-
périmente sur le premier individu qui se
présente ; il se trouve des gens d'assez
mauvaise foi pour se prêter à jouer un
rôle indigne, et simuler le sommeil : ce
sont, mes amis, des êtres bien vils que
ceux qui agissent de la sorte ; ils méritent
tout le mépris des honnêtes gens, heureusement ils sont en petit nombre.

Je vous disais donc que le patient, devenu somnambule, pouvait répondre aux
questions de son magnétiseur ; il l'entend
parce qu'un rapport est établi entre eux
deux ; mais il n'en est pas ainsi des autres
personnes ; elles peuvent lui parler, elles

ne seront pas entendues; il faut avant qu'elles se mettent en communication avec lui,
ce qui se fait en lui touchant les mains.
Cependant, il y des somnambules qui ne
restent pas ainsi insensibles aux impressions du dehors, et ne sont pas ce que nous
appelons *isolées*.

Généralement, dans le somnambulisme
il y a une sorte de transport des sens vers
l'épigastre, et une extension incroyable
de la sensibilité qui donne lieu à cette sub-
tilité nerveuse, à ce sympathisme organi-
que qui permet au somnambule de ressentir les souffrances de ceux qui l'appro-
chent ou le touchent ; c'est pour cela qu'un
malade consultant un somnambule qui
est dans ces conditions, est tout étonné de
le voir éprouver les mêmes souffrances
qu'il endure et lui décrire, en conséquence,
sa maladie dans ses plus petits détails.

— Vous admettez donc , interrompit
M. Dubois, qu'un malade puisse consulter
avec fruit une somnambule lucide?

— Oui, Monsieur, et je suis certain que
rarement il y aura erreur ; les facultés de
la somnambule, comme sa sensibilité nerveuse, étant plus développées dans cet état
que dans la *veille*, elle sentira le mal et
sera plus capable d'en apprécier la gravité.
Si elle a des connaissances en bota-

nique ou en médecine, elle pourra même reconnaître l'efficacité de certaines plantes ou remèdes que, réveillée, elle serait loin d'ordonner.

— Allons, père Mathurin, vous rêvez dans ce moment; car s'il en était ainsi, comment les médecins ne prendraient-ils pas un aide féminin, qu'ils auraient eu soin de former, et qui leur serait alors du plus grand secours?

— Quelques-uns d'entre eux l'on déjà fait, et d'autres sont en voie de le faire, mais ils craignent le *que dira-t-on* de leurs collègues, qui n'admettent pas le magnétisme. La crainte du blâme des ignorants a souvent arrêté des hommes d'une intelligence supérieure au milieu d'entreprises qui auraient tourné au bien et au profit général.

Tout en parlant, notre professeur de magnétisme s'était approché de sa fille; il la fit asseoir dans un fauteuil, et nous ayant recommandé le silence, il se met en rapport avec elle suivant le procédé que nous lui avions vu employer déjà précédemment, puis s'éloignant de deux pas environ, il étend le bras vers elle, la main ouverte, les doigts écartés; presqu'aussitôt elle est envahie par le fluide qu'il émet en abondance, ses yeux se ferment et sa tête se renverse en arrière, en même temps un petit soupir nous apprend qu'elle est passée à l'état somnambulique.

—A présent, nous dit Mathurin, si ma fille était lucide, vous n'auriez qu'à l'interroger, en vous mettant en communication avec elle. Je n'en doute pas, elle répondrait avec justesse à ce qui lui serait demandé.

— Comment, dit l'avocat, Mademoiselle ne peut entendre la voix de celui qui parle qu'à la condition de lui toucher la main auparavant. Cela me paraît singulier, et je serais curieux d'en faire l'expérience ; mais avant, veuillez lui parler vous-même, je vous prie.

Le père Mathurin adressa quelques paroles à Caroline, qui lui répondit avec la même assurance que si elle eût été éveillée. Mme Dubois, de sa place, lui demanda à son tour si elle n'éprouvait aucun malaise ; mais elle ne reçut pas de réponse ; elle recommença de nouveau la même question en articulant fortement chaque syllabe, et cette fois elle ne fut pas plus heureuse que la première ; elle lui prit alors la main, et sur-le-champ, Caroline put s'entretenir avec elle.

—Vous me gênez, Madame, lui dit-elle ; depuis que je suis en communication avec vous, ma respiration est devenue plus pé-

nible; je me sens oppressée, et je ne sais
à quoi attribuer cet effet; laissez-moi chercher un peu d'où cela peut provenir.

Et elle porta la main au front comme
pour se concentrer davantage en elle-
même, puis elle continua :

— La cause du malaise que je ressens,
c'est vous, Madame, car vous êtes somnambule; vous m'êtes antipathique, je ne
puis rester davantage auprès de vous;
retirez-vous.

Aussitôt elle rejette violemment la main
qu'elle tenait dans la sienne, et est prise
d'une sorte d'agitation nerveuse que Mathurin ne calme qu'avec peine.

Vous venez d'être témoin, nous dit-il,
d'un de ces phénomènes bizarres que
nous ne pouvons encore que difficilement
expliquer; ma fille a reconnu que madame
peut être somnambule, qu'elle a ce qu'il
faut pour le devenir, et immédiatement
un sentiment de jalousie et de haine se
montre chez elle. Pourquoi? il est difficile
d'en donner la raison exacte, mais c'est
un fait constaté depuis longtemps, que
dans le sommeil magnétique, la somnambule ne peut souffrir celle qui peut aussi
être mise dans cet état. Peut-être y a t-il
chez elle un sentiment d'égoïsme, et craint-
elle que son magnétiseur ne soit pas en-

tièrement à elle et ne communique de son *fluide*, de sa *vie*, à une autre personne. Dans la magnétisation, nous ne faisons autre chose que de distribuer à nos semblables le *fluide vital* que nous avons en plus, et quelquefois nous prenons même sur notre propre existence ce que nous donnons. Entre le patient et l'opérateur les rapports sont devenus tellement intimes que ces deux êtres, dans cet état, n'en font plus qu'un, leurs vies sont liées l'une à l'autre, et se confondent. Le magnétiseur ne peut donc agir sur un autre sujet sans que la somnambule ne souffre de voir sa vie s'écouler au profit d'un étranger.

Il est facile à un médecin de constater l'harmonie parfaite qui s'établit ainsi entre deux personnes, dans l'extase, surtout ; avant l'expérience il doit examiner l'état du pouls du magnétiseur et du magnétisé, qui diffèrent souvent entre eux de plusieurs degrés : l'un sera, je suppose, à 78 et l'autre à 82.

Pendant l'expérience, quand l'extase est produite, l'accroissement des pulsations devient prodigieux ; il peut atteindre 135 et 140 degrés, et *l'isochronisme* est parfait entre les deux êtres, donc les deux vies sont en équilibre, ou plutôt elles

6

se confondent et n'en font plus qu'une.

C'est ainsi que je comprends que Caroline, durant son sommeil, ne puisse rester auprès de Madame ; elle prévoit que je puis agir sur elle, et cette pensée la contrarie.

Quoi qu'il en soit, nous venons d'avoir une révélation importante ; nous avons appris que nous possédions ici une somnambule sur laquelle nous étions loin de compter. Pour savoir si notre voyante ne fait pas une erreur, je vous demanderai, madame, dit Mathurin, en s'adressant à la femme de l'avocat, de me permettre de vous magnétiser quand elle sera réveillée ; car alors, j'en suis sûr, elle n'y mettra plus d'opposition.

Madame Dubois promit à Mathurin de lui donner cette petite satisfaction à la fin de la soirée.

Ravi d'avoir trouvé un troisième sujet, notre professeur continua sa séance avec une ardeur toute nouvelle.

— Je vous ai dit précédemment, mes amis, continua-t-il, que la médecine avait de grands avantages dans le magnétisme : vous allez voir tout à l'heure comment elle en peut profiter. Souvent l'amputation d'un membre ne se fait qu'au milieu des plus grands dangers, et les douleurs du patient sont parfois si aiguës qu'il ne peut y résister et succombe. De nos jours, la science a trouvé le moyen d'opérer sans faire souffrir le sujet, et ce moyen, je vous en ai déjà parlé, c'est le chloroforme ou l'éther. Leur emploi cependant n'est pas sans dangers, car parfois on endort tellement bien qu'on ne peut plus réveiller. Avec le magnétisme, nous pouvons produire la même insensibilité, paralyser complètement le membre, de manière à tailler, à couper sans que le patient ressente la moindre douleur, et de plus, nous n'avons pas à craindre de ne pouvoir tirer du sommeil celui que nous avons endormi.

Je vais à l'instant même vous montrer cet effet. Pour le produire, je n'ai qu'à diriger l'agent magnétique, par la volonté, sur la partie du corps que je veux paralyser.

Le magnétiseur se met en devoir d'agir, et, deux minutes après, les bras de Caroline étaient dans la position représentée par la gravure.

Les membres supérieurs s'étant roidis peu à peu, on les eût rompus plus facilement que de les faire plier.

— A présent, dit Mathurin, vous voyez deux membres entièrement privés de vie ; je puis piquer et brûler sans que la magnétisée éprouve aucune sensation douloureuse tant qu'elle demeurera cataleptisée. Mais aussitôt revenue à l'état ordinaire, les piqûres, les brûlures la font fortement souffrir. Un magnétiseur, et à plus forte raison un père, mes amis, ne doit donc pas, sous peine de passer pour cruel et barbare, faire des expériences de ce genre, dussent-elles même être nécessaires pour opérer des convictions. Nous devons nous souvenir que nous avons entre nos mains un de nos semblables que nous ne pouvons martyriser, sans être coupables aux yeux de Dieu et des hommes

De même que ma volonté a suffi pour paralyser les deux bras, elle pourrait aussi cataleptiser tout le corps. Cependant, comme à la suite de ces expériences le sujet se trouve considérablement fatigué, je vous demanderai à ne pas aller plus loin.

Nous y consentîmes volontiers, et nous priâmes même Mathurin de détruire de suite la catalepsie existante,

— Je vais la faire cesser instantanément, nous dit-il ; j'emploierai pour cela quel-

ques passes afin de dégager le fluide ; je
soufflerai à chaud sur les bras, et rien de
plus.

Il fit ce qu'il venait de nous indiquer, et
aussitôt la sensibilité reparut.

— Quelquefois, continua notre professeur, au lieu de recourir aux moyens que
j'ai employés, il est mieux de se servir
d'une pièce d'or qu'on applique sur le
membre cataleptisé, et immédiatement il
est remis dans son état normal. Aussi la
plupart des cataleptiques ont une certaine
appétence pour l'or, et pour l'or le plus
pur. Le fer aimanté et le cuivre jaune ont
sur eux une influence toute oposée.

— Pendant que Mathurin nous donnait
ces explications, Madame Dubois, qui re-
marquait le malaise dans lequel paraissait
être Caroline, conjura son père de la réveiller, ce qu'il s'empressa de faire, puis
il nous dit :

Depuis plusieurs années, déjà des médecins ont reconnu que l'agent magnétique déterminait l'insensibilité ; en effet,
j'ai là le rapport que M. Husson a adressé
à l'Académie de médecine, dont il était
président, permettez-moi de vous le
mettre sous les yeux.

Mathurin prend les *Mystères de la Magie*,
et lit page 60 : :

« On est parvenu, dit-il, pendant le somnambulisme, à paralyser, à fermer entièrement les sens aux impressions extérieu-
res, à ce point qu'un flacon contenant
plusieurs onces d'ammoniaque concentrée
était tenu sous| le nez pendant, cinq, dix,
ou quinze minutes au plus sans produire
le moindre effet, sans empêcher aucunement la respiration, sans même provo-
quer l'éternûment, à ce point que la peau
était insensible à la brûlure du moxa, à la
vive irritation déterminée par l'eau chaude
très chargée de moutarde ; brûlure et irritation qui étaient vivement senties et ex-
trêmement douloureuses lorsque la peau
reprenait sa sensibilité normale. »

Cette grande sensibilité dont parle M.
Husson, n'est pas aussi facile à faire naître
que le soutiennent ordinairement les magnétiseurs, qui tombent dans des exagéra-
tions manifestes, en prétendant que sur
vingt-cinq personnes ils en rencontreront
dix au moins, sur lesquelles ils pourront
la déterminer. Moi, au contraire, je ne reconnais qu'un très petit nombre de sujets
qu'on cataleptisera complètement, d'où il
résulte que la chirurgie ne pourra recourir
à ce moyen que dans quelques cas parti-
culiers ; cependant, si peu nombreux qu'ils
soient, lorsqu'ils se présenteront les hom-

mes de l'art ne devront pas les négliger.

Il arrive quelquefois qu'on confond une rigidité musculaire, une paralysie ou même la léthargie, avec la catalepsie, c'est une erreur que commettent fréquemment les magnétiseurs novices; pourtant il est facile de faire une distinction au moins pour les deux premiers cas; et chez le léthargique, avec un peu d'attention, on peut encore éviter l'erreur, puisque la respiration et la circulaton du sang s'arrêtent complétement, tandis que dans la catalepsie ces deux fonctions ne cessent pas, quoique leur activité soit considérablement diminuée. Les membres du léthargique ne conservent pas non plus la position qu'on leur fait prendre, ceux du cataleptique, au contraire, obéissent à la volonté qui agit sur eux.

Les personne sujettes à éprouver les effets de la catalepsie sont celles qui ont des prédispositions pour le somnambulisme magnétique, quoique pourtant on l'obtienne sur des individus à l'état de veille, qui n'ont jamais pu être endormis.

Maintenant, mes amis, il me reste peu de choses à vous dire sur les phénomènes simples du mesmérisme; néanmoins, puisque Madame Dubois consent à être magnétisée, je prierai son mari, ce soir, d'ex-

périmenter; il n'aura qu'à agir comme je
l'ai fait moi-même, et vous verrez que je
ne suis pas privilégié de la nature, que
le don qu'elle m'a fait, chacun en a sa
part. Je vous parlerai en même temps de
l'extase, et enfin, nous donnerons après
demain un bal aux chapeaux, aux tables
et aux guéridons.

CINQUIÈME SOIRÉE.

Madame Dubois endormie par son mari. — Phénomène de l'attraction. — Comment on le produit. — Ses dangers. — Question insignifiante qu'on a coutume d'adresser aux somnambules. — Révélation intéressante. — Il est heureux pour le mari d'une voyante qu'à son réveil elle perde le souvenir de ce qu'elle a vu pendant son sommeil. — Extase. — Comment on la fait naître. — Ses dangers. — Ce que voit l'Extatique.

―――――――⧫―――――――

Madame Dubois avait compté les heures depuis le moment que Caroline lui avait dit qu'elle pouvait devenir somnambule, jusqu'à celui où elle devait être magnétisée ; elle les trouvait plus longues que d'habitude, et le jour lui semblait ne pas devoir finir. Enfin, le soir arriva, et vers sept heures, son mari et elle étaient déjà rendus chez le magnétiseur. Ce ne fut qu'une heure après, environ, que nous

nous y trouvâmes aussi ; mais, ce soir-là, nous étions plus nombreux. Mathurin avait eu la visite d'un négociant de ses amis, avec sa fille, arrivée de Paris depuis deux jours pour passer quelques semaines à la campagne. M. Destours, ainsi s'appelait l'ami de Mathurin, était un partisan zélé du magnétisme, et de temps à autre il dérobait quelques heures aux affaires commerciales pour lire les principaux ouvrages qui traitent de cette science ; moins avancé cependant dans son étude, que Mathurin, il ne laissait pas d'être un magnétiseur distingué ; sa fille, Esther, était une jeune personne de 20 à 22 ans, grande et belle, que la noblesse de sa tournure et la dignité de ses manières faisaient remarquer. Une certaine bienveillance, jointe à une bonté naturelle, était peinte sur son visage ; on voyait qu'il y avait, chez elle, de nobles sentiments unis à une sensibilité profonde et à une imagination impétueuse ; déjà elle connaissait le magnétisme depuis longtemps avant d'en avoir entendu parler à son père ; elle avait assisté aux séances de la rue Richelieu, où plusieurs fois j'avais fait avec elle des expériences de magie qui avaient vivement intéressé des prêtres, des médecins et des savants ; douée d'une santé faible et délicate, le magnétisme augmentait ses forces ; mais elle avait prêté l'oreille aux discours d'ignorants qui lui avaient persuadé d'y renoncer si elle ne voulait détruire complétement sa santé ; elle était donc bien décidée de s'éloigner de tous les Mesmer grands ou petits. Au moins à la campagne, se disait-elle, on ne me parlera plus de cette science que je déteste, et précisément voilà qu'elle tombe en province chez Mathurin, chez cet homme qui eût volontiers passé sa vie à endormir le genre humaiu.

« Eh bien, avait-il dit à son père, vous « resterez avec nous ce soir ; nous avons « une réunion d'amis, nous étudions en-« semble le magnétisme depuis quatre « jours. Votre fille arrive de Paris, elle a « assisté avec sa tante, m'avez-vous dit « souvent, à des séances où on l'a endor-« mie, elle nous donnera, en conséquence, « des renseignements sur ce qui se passe « dans les sociétés magnétiques qu'elle « doit connaître. Vous consentez à m'aider « à faire ma leçon aujourd'hui, n'est-ce « pas, mademoiselle? dit-il en s'adressant « à la jeune personne. »

Esther, craignant de contrarier son père, fit bonne contenance, et quoiqu'à regret, elle promit à Mathurin de faire ce qu'elle pourrait pour lui être agréable.

Quelques instants après, le magnétiseur rentrait du jardin au salon, où déjà nous étions tous rassemblés ; il nous présenta M. Destours et sa fille, nous disant que le hasard le servait à merveille, puisque, sur le point de terminer son *cours de magnétisme*, il lui arrivait un des sujets les plus intéressants de Paris.

Jugez, lecteurs, de mon étonnement en voyant cette jeune fille que je croyais à Paris ! Comment allais-je me tirer d'affaire et conserver mon *incognito* : la chose était difficile ; néanmoins, je fis bonne contenance ; je cherchai à me dissimuler derrière notre bon notaire, et, profitant d'un moment ou Mathurin va saluer madame Dubois, je m'approche de la jeune personne, et lui dis bas à l'oreille :

— *Je dois être pour vous un inconnu, je ne suis plus ici un magnétiseur.*

Surprise à son tour de me rencontrer, elle ne comprend pas comment j'étais là ni ce que signifiait mes paroles.

Cependant elle ne me trahit pas, et sut garder le silence.

Après quelques compliments de part et d'autre, madame Dubois s'adressa à Mathurin :

— Vous ne m'oublierez pas ce soir, lui

dit-elle, car je suis vraiment curieuse de savoir si je pourrai dormir.

— C'est par vous que nous allons commencer, madame, répondit-il ; mais ce ne sera pas moi qui vous endormirai ; c'est M. Dubois qui doit essayer sa puissance magnétique ; d'ailleurs, ce sont nos conventions d'hier, vous savez.

— Allons, venez, monsieur, dit-il en s'approchant de l'avocat ; asseyez-vous ici, en face de votre sujet, prenez lui les pouces, *veuillez* qu'il dorme, faites ce que vous m'avez vu faire, ayez confiance en vous-même et vous réussirez.

Le magnétiseur improvisé tient durant cinq minutes les pouces de sa femme, se lève ensuite, porte ses mains jusqu'à la hauteur de la tête, et les descend en passant devant le visage jusqu'au creux de l'estomac ; un quart d'heure après ce manège madame Dubois était endormie.

Mathurin, qui examinait son élève avec une attention scrupuleuse, remarqua lorsqu'il ramenait sa main à lui, une propension chez la magnétisée à se pencher de son côté. Vous allez voir, nous dit-il, le phénomène de *l'attraction* ; éloignez-vous, monsieur, et dirigez vos deux mains vers l'épigastre de la somnambule, en ayant soin que la paume de l'une soit en

face de l'autre, ensuite ayez la volonté de
tirer à vous le sujet; il vous est uni par un
lien invisible que vous resserrerez à volonté. — L'avocat suivit ce conseil, aussitôt

madame Dubois se leva et se dirigea vers lui, les yeux parfaitement fermés.

—A merveille, monsieur, dit Mathurin; l'élève en sait, à présent, autant que le maître : votre puissance est grande parce que votre volonté est forte.

Voilà! mes amis, continue-t-il, en s'adressant à nous, un des secrets de la nature pour obliger un être d'aller vers un autre. Cette force qui vient d'agir, nous n'en connaissons pas les bornes; elle peut s'exercer à de grandes distances; nul obstacle ne peut l'arrêter; le sujet est contraint de céder, sa volonté doit plier devant celle du magnétiseur. C'est là un des dangers que nous trouvons dans le mesmérisme; on peut abuser de sa propre puissance pour obliger un somnambule à commettre des actes coupables; on peut, dans cet état, lui communiquer des passions criminelles et corrompre son cœur; mais, je me hâte de vous le dire, nous pouvons de même, avec plus de facilité encore, ramener à la vertu celui qui s'en est éloigné : des conseils sages, donnés par un magnétiseur vertueux, qui fera prendre de bonnes résolutions pendant le sommeil, et réveillera avec la volonté d'en faire conserver le souvenir, amèneront cet heureux résultat.

Qu'elle est belle, n'est-ce pas, la science qui conduit à un tel but! et qu'on est coupable d'en entraver le progrès!

Madame Dubois, pendant la dissertation du professeur, s'était assise de nouveau dans son fauteuil; elle était calme, tranquille et semblait heureuse. Son mari voulut voir si elle était lucide, c'est pourquoi il lui fit plusieurs questions assez banales semblables à celles qu'on adresse d'ordinaire aux somnambules.

— Quelle heure est-il à ma montre? Comptez les grains de tabac que j'ai dans ma tabatière.

A la première question, elle ne put répondre; mais à la seconde elle donna un chiffre avec la plus grande assurance, ce à quoi le consultant n'eut rien à dire, attendu la difficulté de prouver l'erreur, s'il y en avait.

Il l'interroge alors sur elle-même, le plus bas possible, afin que nous ne pussions entendre : cette fois il parut satisfait de ses réponses; mais un instant après, la voyante s'écrie :

— C'est infâme! Monsieur..,, quoi.... tromper votre femme! Non, vous ne pouvez pas le nier.... je la vois... là... sous mes yeux.... Elle est brune... 23 ou 24 ans.... C'est horrible! Monsieur.

Tous, nous riions à nous tordre; M. Dubois seul n'avait nullement envie de partager notre hilarité.

Taisez-vous, Madame, lui disait-il ; mais elle voulait continuer.

—Je vous en conjure, monsieur Mathurin, imposez-lui silence, et surtout au réveil qu'elle ne conserve aucun souvenir !

— Mais du tout, interrompit le notaire; la séance devient intéressante : continuons.

Le pauvre avocat, au désespoir, était enfin parvenu à obtenir le silence tant désiré; mais, peu confiant en lui-même, il supplia Mathurin de faire perdre à sa lucide la mémoire de ce qui s'était passé. Celui-ci lui applique, en conséquence, la main sur le front, et quelques secondes après, M. Dubois l'avait tirée de son sommeil.

— Je vous félicite de votre clairvoyance, madame, lui dit M. Montlaur quand elle fut éveillée; je doutais un peu de la lucidité avant de vous voir, mais à présent, je suis convaincu. Vous avez été admirable; je regrette seulement que votre mari n'ait pas voulu continuer; il craignait de vous fatiguer...

Madame Dubois aurait souhaité connaître les questions qu'on lui avait posées, désir que l'avocat, lui, n'avait nulle envie de satisfaire.

— Maintenant, nous dit Mathurin, avant de nous occuper de faire tourner et parler les tables, je vais vous entretenir d'un phénomène singulier que produit le magnétisme, je veux vous parler de l'extase.

L'extase est un état particulier qui n'est ni la veille ni le sommeil, c'est un état mixte dans lequel l'homme n'appartient plus au monde matériel, sans faire partie pourtant encore du monde des esprits. Peu de personnes ont été prédisposées par la nature pour ressentir ses effets, et chez celles qui doivent arriver à l'extase, il y a constamment une grande exaltation morale, soit qu'elle provienne de maladies, ou, ce qui est plus fréquent, qu'elle ait sa source dans une vie ascétique et contemplative comme on le remarque dans les communautés, chez des personnes d'une intelligence ordinaire adonnées au jeûne et à la prière. Par une pratique outrée de ces choses, il n'est pas rare de voir de jeunes enfants, de jeunes filles principalement, éprouver des affections nerveuses de tout genre, dont l'extase peut être considérée comme un symptôme ou une crise. Chez de tels individus, le

magnétiseur la détermine sur-le-champ;
ceux, au contraire, qui n'y ont pas une
prédisposition naturelle, seront vainement magnétisés, car de même qu'on per-
drait son temps en cherchant à rendre
somnambule celui dont l'organisation s'y
refuserait, de même on surchargerait
vainement le sujet dont le tempéramment
n'aurait pas les conditions indispensables
pour y arriver.

On parvient à faire naître l'extase en
magnétisant avec énergie une somnambule que l'on a reconnue apte à cet état
supérieur, en ayant soin d'agir avec prudence et discernement; on dirige l'agent
magnétique sur une partie du cerveau
plutôt que sur l'autre, ce qui exige de la
part du magnétiseur des notions d'anato-
mie et de phrénologie. Selon qu'on action-
ne telle ou telle portion de la masse cérébrale, on donne naissance à des genres
d'extases bien différentes; quand le sujet
est saturé, sa figure pâlit et change d'ex-
pression, elle annonce la joie ou le ravis-
sement; devenu étranger à tout ce qui
entoure, il cesse d'entendre son magné-
iseur, il est absorbé, et semble déjà
n'être plus de ce monde; il s'affaisse, se
prosterne la face contre terre murmurant
les paroles de bonheur pour exprimer sa

reconnaissance et répondre à des êtres
avec lesquels il paraît être en communication ; ses yeux, convulsés et tournés vers
le ciel, deviennent immobiles, la circulation est ralentie, et son âme échauffée
d'un feu céleste, est sur le point de
s'envoler.

Le plus souvent l'extatique demeure
silencieux ; néanmoins, quelquefois il fait
entendre des paroles qui lui échappent
presque malgré lui, il est véritablement
inspiré, il entend une voix mystérieuse qui
lui révèle des événements qui ne doivent
s'accomplir que plus tard, et cette voix
est comprise de lui seul.

Chez des sujets trop impressionables,
il faut éviter de chercher à déterminer l'extase trop souvent, car, à force de relâcher
les liens qui unissent l'âme à la matière,
elle finit par détruire le mode de la vie
terrestre, ou du moins, naturalise un
mode d'existence incompatible avec la
destinée de l'homme ici-bas. Rarement on
trouve dans l'extase des avantages réels,
puisque ordinairement l'inspiré reste sans
proférer une parole : tout concentré en lui-
même, sans s'occuper de ce qui se passe
autour de lui, rien ne peut l'arracher à
la contemplation des êtres avec lesquels
il communique.

Cet état peut quelquefois donner naissance à de graves accidents, principalement si le magnétiseur vient à se troubler. — Afin, mes amis, de mieux vous montrer les dangers de l'extase, je vais vous lire un passage du docteur Chardel, que je trouve à la page 174 des *Mystères de la Magie*, ou *les Secrets du Magnétisme dévoilés.* « Un jour, dit ce médecin, en magnétisant une somnambule, je la vis passer à l'état supérieur. Elle se promenait dans l'appartement avec une amie, et me pria de réciter une scène de tragédie de Racine. Je me livrai imprudemment aux sentiments que cet auteur exprime si bien, et je ne m'aperçus de l'émotion de ma somnambule qu'en la voyant tomber sans mouvement à mes pieds. Jamais privation de sentiment ne fut plus effrayante ; le corps avait toute la souplesse de la mort ; chaque membre que l'on soulevait retombait de son propre poids : la respiration s'était arrêtée ; le pouls et les battements du cœur ne se faisaient plus sentir ; les lèvres et les gencives se décolorèrent, et la peau, que la circulation n'animait plus, prit une teinte livide et jaunâtre.

« Heureusement je ne me troublai pas, et je me possédais trop pour ne pas sentir que je pouvais exercer une grande puis-

sance sur ma somnambule. Je commen-
çai par magnétiser les plexus ; j'inspirai
un souffle magnétique dans les narines ;
j'en fis autant dans la bouche et dans les
oreilles, et peu à peu le sujet recouvra
l'usage de la parole. J'appris que rien
d'extraordinaire n'avait altéré sa santé,
mais que son âme, dans son émotion, se
séparait de son corps, en entraînant la
modification vitale qui lui obéit. Le contact avec l'affectibilité avait cessé : les cir-
culations sanguine et nerveuse s'étaient
arrêtées, et la vie spiritualisée, prête à
quitter l'organisation, retenait encore
l'âme incertaine, et vacillant comme la
flamme au-dessus de la lampe qui s'éteint.

« La circulation sanguine, lors de mes
questions, avait déjà repris son cours :
quant à la circulation nerveuse, elle n'é-
tait rétablie que dans la tête et dans la
poitrine. Du moins ma somnambule m'assura que le reste de l'organisation en était
encore privée, en sorte qu'elle voyait son
corps comme un objet étranger dont elle
répugnait à se revêtir. Elle n'y consentit
qu'en cédant à ma volonté, et me prévint
que c'était ma vie spiritualisée (fluide magnétique) qui rétablissait chez elle le cours
de la circulation nerveuse. »

— En voilà une qui a vu la mort de
rès ! dit le notaire, quand Mathurin eut
erminé sa lecture ; elle doit être comme
noi, celle là, elle en a assez du magné-
sme.

Eh bien ! puisque vous en avez assez,
épondit le professeur, nous renverrons
demain ce qui me reste à vous dire ; je
raindrais, ce soir, de vous endormir, et
'être un véritable prédicateur magné-
que comme il y en a tant.

— Du tout, mon cher ami, interrompit
I. Destours ; vous ne ressemblez en rien,
 vous assure, à nos curés de campagne,
 d'après ce que j'ai vu ce soir, vous n'a-
z pas affaire à un auditoire indifférent
 blasé sur le magnétisme, comme on a
utume de l'être sur les *lieux communs*,
i forment la matière indispensable de
ut sermon.

Nous applaudîmes, et le notaire aussi,
x paroles de M. Destours ; nous enga-
âmes Mathurin à continuer, mais vu
eure avancée de la soirée, il fut connu qu'on attendrait au lendemain, qui
rait consacré à faire tourner les tables,
 chapeaux et même les personnes.

M. Destours et sa fille nous promirent
'ils seraient de la partie,

SIXIÈME SOIRÉE.

Origine des tables tournantes. — Les demoiselles Fox en
Amérique. — Esprits frappeurs. — Le mouvement des tables
n'est pas le résultat de la pression exercée. -- On peut agir
à distance sur un corps inerte. — Expérience de la boussole
Magnétique. — Condition à remplir pour produire la rota-
tion des tables, des chapeaux, etc. — Comment on fait
parler ces divers objets. — Tous ces phénomènes auront
des conséquences importantes. — Opinion de M. Donoso
Cortès,

A huit heures précises nous étions tous
rangés dans le salon, près d'une table en
acajou qui devait être le prophète que,
bientôt, nous allions consulter après lui
avoir fait danser préalablement une polka
masurke.

Vous savez l'histoire *de tables four-*

nantes et *des esprits frappeurs*, nous dit Mathurin, il me sera, par conséquent, inutile de vous entretenir d'un sujet qui vous est déjà connu. Nous allons de suite faire la chaîne autour de cette table que vous voyez, et dans peu de temps elle marchera toute seule.

— Mon cher voisin, dit M. Detours, pour moi, j'avoue ma profonde ignorance, mais j'ignore complétement l'origine de cette découverte, et je vous serais obligé si, en deux mots, vous vouliez me la faire connaître.

— Eh bien, mes amis, c'est à deux jeunes filles de Rochester, en Amérique, deux sœurs que l'Europe est redevable de la connaissance des phénomènes qui captivent toute son attention dans ce moment. Les demoiselles Fox, tel était leur nom, âgées l'une de 13 ans et l'autre de 15, prétendirent que des esprits se manifestaient à elles, et qu'elles entraient en communication avec eux ; ils annonçaient leur présence par de petits coups frappés dans les tables près desquelles elles étaient, ou par des mouvements imprimés à ces mêmes tables. Ces faits étranges, les demoiselles Fox les montrèrent au milieu de réunions nombreuses. Ils parurent si extraordinaires, qu'après avoir vu et en-

tendu, on doutait encore, on soupçon-
nait quelque machination de la part de
ces deux enfants. Pour s'assurer de leur
bonne foi, on résolut de les examiner at-
tentivement. En conséquence, elles com-
parurent dans l'amphithéâtre de médecine
de l'université du Missouri, devant cinq à
six cents personnes. Un ancien maire de
la ville, bien connu par son scepticisme,
avait été nommé président de la réunion.
Un comité d'investigation était chargé de
surveiller les expériences dirigées par le
doyen de la faculté, homme célèbre par sa
science médicale.

— Toutes les expériences réussirent
cette fois comme précédemment, et il fut
démontré que le galvanisme et l'électricité
n'étaient pour rien dans la production de
ces phénomènes.

A l'air narquois, à la réputation de
scepticisme du vieux professeur, on pouvait croire qu'il allait se faire un plaisir de
démolir tout l'échafaudage de la doctrine
spiritualiste; il n'en fut rien : l'anatomiste
sortit des domaines de la mort, et le ma-
térialiste à l'issue de la séance, déclara
publiquement qu'il croyait à l'immortalité
de l'âme, à l'existence des esprits et à
leur communication par des moyens physiques.

Tous les assistants se rangèrent à son avis, et, à partir de cette époque, on put dire qu'une nouvelle secte venait d'être fondée aux Etats-Unis. *Les Spiritualistes :* de jour en jour elle acquit une importance si grande qu'aujourd'hui, après sept années seulement, elle compte déjà des millions de partisans.

C'est d'Amérique donc que nous avons appris, vers le mois de février dernier, le moyen de faire tourner et parler nos tables. En France on accueillit cette découverte avec un enthousiasme sans pareil ; pendant plusieurs mois il était impossible de mettre le pied dans une maison, sans qu'un instant après votre arrivée le maître ou la maîtresse ne vous fît asseoir autour d'une table pour la faire tourner ; cette manie fut poussée si loin qu'elle fît même, dit-on, tourner des têtes. Enfin, comme le Français est essentiellement léger de sa nature, il ne tarda pas à rire de ce qu'il avait pris, dans le principe, fort au sérieux, et, aujourd'hui, pendant que dans tous les pays voisins on étudie avec attention ces phénomènes reçus avec moins d'empressement d'abord, nous, nous les révoquons en doute ; nous rions de ce que nous avons vu, et de ce que vous allez voir à l'instant même.

— Mais, dit madame Dubois, vous savez monsieur qu'un physicien anglais a prouvé que le mouvement imprimé à un meuble ne provenait que de la contraction des muscles de la main exerçant une pression qui engendrait ce mouvement.

— Cependant, dit à son tour M. Dubois, si le fluide magnétique entre pour quelque chose dans ces faits étranges, il me semble qu'on agirait sur un corps inerte sans contact, et dans ce cas, il n'y aurait plus rien à objecter.

— C'est ce qui a été fait, monsieur, et je vais vous le démontrer.

Depuis longtemps déjà, monsieur, on a constaté l'action de l'agent magnétique sur le règne végétal; on a reconnu que des fleurs et des arbrisseaux prêts de mourir, reprennent une nouvelle vie sous son influence.

Les corps inertes ne résistent pas non plus à la force occulte dirigée sur eux par une volonté puissante; sans contact aucun ainsi que vous le demandez; il est facile de leur imprimer un mouvement.

Je vais vous le démontrer à l'instant et vous verrez qu'il faut véritablement fermer les yeux pour refuser de constater des faits qui pourraient pourtant nous mettre sur la voie de la vérité.

Le professeur sort; quelques instants après, il rentre et nous dit :

— Voici un bouchon, je le place sur cette table avec une aiguille fixée perpendiculairement dedans par son extrémité la moins aiguë ; sur la pointe, au contraire, je dispose un petit morceau de papier horizontalement, je tiens la main droite à cinq centimètres de mon appareil, **et** aussitôt une rotation° de droite à gauche se manifeste.

Tout en parlant, Mathurin s'était mis à l'œuvre, et obtenait le résultat qu'il nous avait annoncé. Chacun de nous voulut expérimenter, le notaire, principalement, qui répétait sans cesse : Que c'est bizarre... que c'est drôle...

— Cet instrument est bien simple, continua Mathurin ; c'est une *boussole magnétique;* cependant il embarrassera plus d'un savant. Déjà ils ont prétendu que l'effet était dû au calorique qui se dégageait de la main, mais c'est une erreur de plus à ajouter à celles dans lesquelles ils sont tombés précédemment. En effet, si on prend une petite boule de métal chauffée, et qu'on l'approche de l'appareil, il restera insensible à l'action de la chaleur.

On ne peut pas se tirer de là, mes amis; le magnétisme nous déborde, et malgré nous il nous oblige à le reconnaître.

E ssayons, à présent, de faire tourner

cette table : voici les conditions reconnues
nécessaires pour opérer avec succès. Autant qu'on le peut, la chaîne doit être formée par des personne de sexes différents.

Entre les opérateurs, il doit régner une
entente parfaite pour que leurs volontés
soient les mêmes ; s'il s'en trouvait de
contraires, l'effet ne serait que faible ou
même pourrait être entièrement nul. Il
faut avoir soin, aussi, d'éviter toute communication avec ceux qui sont étrangers à
l'expérience ; il n'est pas nécessaire,
comme on l'avait cru d'abord, d'être en
contact les uns avec les autres à l'aide du
petit doigt ; ayons soin seulement d'alterner autant que nous pourrons, c'est-à-dire, qu'une femme se placera entre deux
hommes.

— La chose ne sera pas aisée, dit le
notaire, puisque nous sommes cinq et que
ces dames ne sont que trois ; il faudra que
deux personnes renoncent à être de la
partie. J'ai entendu dire que celles d'un
certain âge n'avaient nulle influence ; nous
ferons donc bien, père Mathurin, de nous
retirer vous et moi ; puis, vous savez, je
suis un peu nerveux, il est quelquefois survenu des accidents... et dame, à nos âges..

— Il n'est pas indispensable, répliqua
le magnétiseur, que les deux sexes soient

en nombre égal ; cependant comme il vous plaira ; nous laisserons ces dames et ces messieurs agir seuls.

Nous nous mîmes en place, et nous restâmes silencieux ; mais au bout de dix minutes, Caroline s'écrie : elle remue ! elle marche ! Effectivement, la table était saturée, l'esprit y était. Mathurin nous fait lever, retire les siéges, et nous ordonne de tenir seulement un doigt sur le meuble pour éviter toute pression musculaire. Nous suivîmes cet ordre, et, malgré cela, la table obéit à tout ce que nous lui commandâmes, allant tantôt à droite tantôt à gauche, ou s'arrêtant suivant le commandement. Deux personnes seules restèrent à la chaîne, Caroline et madame Destours ; elle n'en continua pas moins de faire ce qu'on lui ordonnait.

M. Dubois était stupéfait ; il se retire un peu à l'écart, prend son chapeau, le place sur un guéridon, et prie Esther de venir lui aider à le faire tourner ; malgré toute sa confiance dans Mathurin il craignait qu'il n'y eût quelques préparations, quelque mécanisme invisible, au moins il était sur de son chapeau...

Au bout de cinq minutes, le chapeau gesticulait, sautait, et faisait aussi des siennes.

—Interrogeons-le, disait Esther à l'avocat, il nous répondra.

— Ce serait trop fort! en vérité!... Mais voyons.

— Combien monsieur a-t-il d'enfants? dit la jeune fille.

Le chapeau se mit à sauter trois fois.

Est-ce bien cela, monsieur?

— Parfaitement.

— Quel âge à l'aîné ?

Le chapeau saute quatre fois.

C'est-à-dire que l'enfant avait quatre ans, ce qui était de la plus rigoureuse exactitude.

D'autres questions du même genre furent adressées au couvre-chef de l'avocat, qui répondit toujours d'une manière satisfaisante.

— Sans parler, dit Esther, vous pouvez interroger mentalement; votre pensée sera comprise et vous aurez une réponse.

M. Dubois se recueillit pendant quelques secondes, puis son feutre se lève deux fois, mais plus haut que de coutume.

—Etes-vous satisfait? demanda la jeune fille à M. Dubois, qui était devenu pâle comme la mort.

— Pas précisément ; je préférerais que le chapeau se fût trompé ; il m'a dit vrai, je le reconnais, et j'en suis effrayé, car il y a là quelque chose d'infernal, et nous jouons un terrible jeu dans ce moment.

Madame Dubois s'était approchée pour savoir ce qui se passait, mais son mari garda le silence.

Lecteurs, il me serait à moi-même difficile de satisfaire votre curiosité sur ce point, puisque notre avocat ne laissa rien transpirer de ce qu'il avait demandé. Sans

doute, il aura interrogé son chapeau su
une pensée secrète qu'il avait intérêt
cacher à sa femme. Il avait frémi e
voyant un objet, inanimé en apparence
lui révéler ce que lui seul savait, et voil
ce qui lui faisait dire que nous nous amu-
sions à jouer un terrible jeu.

Je le crois aussi ; c'est une révolutio
véritable, absolue, qui nous arrive : l
matérialisme est vaincu, mais à quel pri
peut-être...

M. Donoso Cortès, qui vient de s'étein-
dre il y a peu de mois, s'était écrié avan
de mourir :

« Ceux qui vivront verront ! et ceux
« qui verront seront épouvantés, car le
« révolutions précédentes n'ont été qu'une
« menace ! la catastrophe qui doit venir
« sera, dans l'histoire, *la catastrophe par*
« *excellence*, les individus peuvent se
« sauver encore, parce qu'ils peuvent tou-
« jours se sauver, mais la société est
« perdue... »

De l'autre côté du salon, Caroline ques-
tionnait la table, qui lui annonçait qu'elle
se marierait dans six mois.... Comme
elle était joyeuse ! la pauvre fille !...

Pendant ce temps, Mathurin ne restait
pas oisif ; il était venu nous trouver, et,
pour consoler madame Dubois, il lui dit

qu'il allait la faire tourner malgré elle ;
elle y consentit volontiers. En conséquence, il nous fait approcher, M. Dubois
et moi, fait placer l'un par derrière avec

la main droite appliquée sur l'épaule gauche de madame Dubois, et l'autre en face, avec la main gauche sur l'épaule droite, nous recommande le silence, et voilà qu'au bout de cinq minutes la femme pivote sur elle-même malgré toute la résistance qu'elle oppose,

Comment prétendre, mes amis, nous dit Mathurin, que c'est la contraction des muscles de la main qui agit encore ici? En vérité, il faut être de mauvaise foi ou bien ignorant pour ne pas reconnaître là une puissance toute spéciale.

Nous n'avions rien à objecter aux démonstrations de Mathurin qui termina sa soirée par une conclusion générale dont je vous fais grâce; chers lecteurs, vous la tirerez vous-même, et je ne doute pas qu'elle ne soit tout à l'avantage du magnétisme.

A quelques jours de là, je me trouvais à dîner chez mon ami, qui m'avait fait faire la connaissance de notre charmant magnétiseur, qui était lui-même un des invités; mais cette fois, ma qualité de magnétiseur lui fut révélée; il prétendit qu'il avait été mystifié; il était presque fâché contre moi. Il ne voulut me pardonner qu'à une condition: je devrais faire, à mon tour, avec mademoiselle Esther, un cours de magie; je m'y engageai et fus fidèle à ma promesse.

Si **vous** accueillez avec bienveillance ces première soirées de magnétisme, je m'en-presserai, lecteurs mes amis, de vous donner celles de magie qui eurent lieu chez notre ami commun Mathurin.

FIN.

Imprimerie Moquet, rue de la Harpe.

www.ingramcontent.com/pod-product-compliance
Lightning Source LLC
Chambersburg PA
CBHW071901200326
41519CB00016B/4482